U0069288

【第二版】

餐飲設備
與器具概論

Introduction to
Restaurant Equipment and Tools

蔡毓峯／著

二版序

　　時代一直在變！二○一七年下半年有報章雜誌提到了一篇有趣卻也嚴肅的報導，內容提及微軟創辦人比爾蓋茲於一九九九年出版的 *Business@ the Speed of Thought*《數位神經系統──與思想等快的明日世界》書裡做了十五個預測，而在十八年後的今日，這十五個預測居然都成真了！像是比價網站出現了，如Trivago；行動裝置不僅出現，還演變為幾乎人手一台或多台，例如各位手邊的平板和智慧型手機；社群媒體出現了，如Facebook、Twitter、Instagram、Line等等；這些你我現今習以為常的事物都在比爾蓋茲十八年前出版的書籍裡被預測了。物聯網的概念當然也被他神準的預測，並實現在你我生活的周遭和各式各樣的商業行為當中。

　　餐飲業自然也不例外。在餐飲業裡，烤箱不再只是手動的旋轉鈕，透過手機App的聯網，主廚可以遠端監控烤箱內食物的外部和中心溫度、濕度，並且利用預設的程式做遠端的遙控，進行起了烘焙工作。各位熟悉的迴轉壽司盤子裡已經建立了晶片，有效掌握了軌道上迴轉的時間、銷售的統計、快速的計價，甚至利用遠端偵測食物的溫度，透過鏡頭監控達到盤點的功能，並且還能分析出需求，即時給予廚師對於特定項目的製作補充建議……。這些都是發生在餐飲業內外場劃時代革命性的創新改變。

　　我在八年前寫下這本書的動機很簡單，無非是希望透過淺顯易懂及圖文並茂的方式，對初涉餐飲領域的學子們給予一個簡單的入門，一窺餐飲設備與餐具器皿的種種。舉凡規格、用途、保養方式、器皿材質的特色等，在本書中希望都能有所說明。並且對於廚房的各類設備做較多篇幅的說明。當時單純的認為，廚房的器具設備不會在短短的幾年間有大幅的創新進步，但事實就是發生了，洗滌設備有了長足的進步、烘焙廚房的設計規劃越來越專屬暨專業、吧檯設備更是對於紅酒開瓶後的保

存有了獨到的設計，這些都凸顯了這本書被修編改寫的必要性。

在工作萬分忙碌之餘，利用空檔時間做了整理和撰寫，在此特別感謝國內以專業廚房設計與廚具設備規劃為傲的摯友詮揚股份有限公司號正游協理、銘傳大學餐旅管理學系陳柏蒼專任副教授、臺北松山意舍酒店餐廳經理邱奕欣、本書責任編輯范湘渝小姐等人的資訊提供及專業諮詢，讓本書的二版能順利付梓發行。筆者才疏學淺疏漏錯誤在所難免，尚祈各方前輩先進不吝指教，是盼！

蔡毓峯

2017年11月

銘謝誌

　　謹以本篇銘謝誌對於以下所條列之業界先進前輩及企業廠商表示由衷感謝！

　　由於各位在作者撰寫過程中的熱誠協助，提供專業諮詢指導、資料畫面供應、拍攝場地和商品提供、畫面後製及內文編校，讓本書能夠如期完成，謹此表示十二萬分的謝意！

邱奕欣	餐廳經理	臺北松山意舍酒店
李俊德	總經理	俊欣行股份有限公司
洪國欽	化工部銷售工程師	誠品股份有限公司
胡以蓁	專案助理	俊欣行股份有限公司
陳惠珊	副總經理	俊欣行股份有限公司
陳韻竹	業務專員	富必達科技股份有限公司
黃惠民	顧問	俊欣行股份有限公司
楊長華	服務員	勞瑞斯牛肋排餐廳
葉忠賢	發行人	揚智文化事業股份有限公司
閻富萍	總編輯	揚智文化事業股份有限公司
勵載鳴	總工程師	詮揚股份有限公司

（以上依姓氏筆畫順序排列）

蔡毓峯　申謝
2017/11/27

本書所刊載之照片除作者本人進行拍照外，另有照片來自以下廠商及品牌之型錄，謹此申謝！

（以下依筆畫順序排列）

品牌企業	網址／地址
BRAVILOR	www.bravilor.com
Cambro	www.cambro.com
Edlund	www.edlundco.com
Hobart	www.hobartlink.com
Houno	www.houno.com
Libbey	www.libbey.com
RENEKA	www.reneka.com
Royal Bone China	www.royalporcelain.co.th
Royal Porcelain	www.royalporcelain.co.th
Rubbermaid	www.rubbermaidcommercial.com
Williams Refrigeration	www.williams-hongkong.com
ZANUSSI	www.zanussiprofessional.com
大同磁器	www.tatungchinaware.com.tw
太安冷凍設備有限公司	www.tatacoltd.com.tw
永春興業有限公司	www.okiharu.com.tw
全野冷凍調理設備股份有限公司	www.chuanyua.com.tw
老爸咖啡	www.lebar.com.tw
佳敏企業有限公司	www.carbing.com.tw
俊欣行股份有限公司	www.justshine.com.tw
冠今不鏽鋼工業股份有限公司	www.kjco.com.tw
奎達事業股份有限公司	www.quantas.com.tw
美而堅實業有限公司	www.nursemate.com.tw
飛雅高科技股份有限公司	www.feya.com.tw
高晟股份有限公司	台北市中正區辛亥一路3號7樓
康寧餐具	www.corelle.com
富必達科技股份有限公司	www.fnb-tech.com.tw
匯格實業	www.feco-corp.com.tw
詮揚股份有限公司	www.kbl.com.tw
寬友股份有限公司	www.ExpanService.com.tw
聯流科技股份有限公司	www.birch.com.tw
麗諾實業有限公司	www.lee-no.com.tw
寶發實業有限公司	香港新界葵涌大連排道152-160號金龍工業中心第1座25字樓C室

目　錄

Chapter 1

餐務管理實務

第一節　前言

　　餐飲業是一個高度競爭的行業。成功的經營要素繁多，舉凡商圈地點、餐點設計、廚師手藝、價格策略、行銷手法，以及本身的商譽和品牌價值之外，美學方面的考量也是一項要素，例如內部裝潢的走向、氛圍的營造，乃至於餐具餐盤、桌布口布的材質選擇及花色搭配，都影響了消費者的感受，讓到餐廳用餐不僅僅是口腹之欲的滿足，更是一種感官上精神層面的滿足。尤其在近年M型化社會日趨明顯的趨勢下，不僅是高消費的餐廳對於金字塔尖端的客戶群必須竭盡心思的去創造更好的用餐經驗，一般大眾消費的餐廳也體認到周邊氛圍的創造所帶來的附加價值，是吸引大眾消費群上門光顧的重要因素。於是乎，更具設計質感並且實用的餐具不斷地推陳出新，以迎合餐飲業主的美學需求，更多嶄新的材質也為了洗滌設備或烹飪設備的需求，而不斷地被開發出來；當然，更具坪效、工作效率、容易保養維護的廚具設備、工具或收納的器材也如雨後春筍般地被設計而出，並廣為餐飲業者所喜愛及採用。

　　有效率地管理餐廳一切餐具器皿設備以及布巾，並不是一件容易的事情。在大型的飯店裡因為種類數量繁多，且餐廳營業單位較多，因此多半會設立餐務部門統籌管理這些生財器具。透過專人或是專屬團隊有效率地集中管理，舉凡盤點、庫存、調度、維修保養、清潔、請購、損耗統計都能有效率的被執行，讓物資集中管理以得到最大的生產力。然而，對於一般餐廳而言，礙於人力物力甚至空間的限制，多半無法如飯店餐務部門般有得天獨厚的條件來做管理，於是餐廳的餐具器皿設備之保養維護，就很容易成為管理上的死角。

第二節　餐務管理工作概述

一、飯店餐務部門之餐務管理

依據飯店的規模及內部的組織架構可將餐務工作定位成一個部門或是餐飲部下轄的餐務組。因為這是一個專屬獨立的單位和團隊，所以工作職掌上也較為繁瑣複雜，內容包羅萬象甚至涵蓋工作人員的活動區域清潔管理，例如員工餐廳、員工休息區、更衣間置物櫃等，而主要的工作項目則有：

(一)庫存管理

餐務部（組）有責任隨時瞭解庫存各項器皿設備的數量及規格，方便宴會業務部門在接洽業務時，能夠隨時瞭解業務承接能力。工作人員透過內部建立標準的作業規範，將各式餐具器皿分門別類、有效的陳設堆疊或透過專屬的容器盛裝各式餐具，並且透過圖片、表格及電腦檔案，甚至專屬的庫存管理軟體，掌握最新的庫存動態及儲存位置。

(二)請領發給及回收控管

要能做好上述的庫存管理，非常重要的兩個工作環節就是「請領發給」及「回收控管」作業。當餐廳或宴會廳有額外餐具器皿的需求時，可透過單位主管（例如餐飲部協理）的核可，憑單向餐務部申請領取所需的品項及數量，並且在預定的歸還時間如數且完整的交回給餐務部庫房。而若是遇有外燴業務或外借給同業時，則還需交由安全警衛部門主管簽核後，才能攜出飯店（見**表1-1、1-2**）。

(三)保養及清潔維護

餐務部門的一項非常重要的工作項目就是針對所保管的餐具器皿設

表1-1　庫房器皿提領申請單範例

日期：　　　年　　　月　　　日

提領單位：

庫房器皿提領申請單

庫房編號 （庫房單位填寫）	品名	申領數量	實領數量 （庫房單位填寫）	預計歸還		實際歸還（歸還時填寫）		
				日期	時間	日期	時間	數量

提領單位主管：

餐飲部協理：

庫房：

表1-2 員工物品攜出放行條範例

員工物品攜出放行條

日期		部門	
職稱			
品名			

_____	_____	_____
部門主管	安全部	申請人

備做完善的保養及清潔維護。透過完善的保養機制，定期地依據餐具器皿材質的不同，安排不同方式的清潔保養方式。例如，銀質器具利用拋光機或是氧化還原的化學藥劑讓餐具重新恢復光澤；咖啡杯具或茶壺等容器定期漂白，以徹底去除長期使用所遺留的咖啡垢或茶垢。其他例如不鏽鋼或電鍍亮面的各式器皿，也需定時擦拭保持表面光亮。

(四)設備維養

對於各式的設備，例如自助餐廳供客人自行操作的咖啡機、咖啡壺保溫座，乃至於霜淇淋機、果汁機、履帶烤箱、烤土司機等簡易保冷或加熱設備，都因為使用量大且搬運頻繁而需更確實地做好保養與清潔。一來避免顧客察覺機器設備髒污而留下不好的印象，二來更需仔細檢點確認這些設備的工作效率是否良好，並且在接電接水的環節上能保持安全無虞。當然，對於較複雜的機器檢修則仍有賴供應商的專業技師來進行維修。

(五)請購

餐務部門管理庫房的另一個重要目的就是能夠掌握庫存，並隨時瞭解每項器皿設備的最低安全庫存量，進而在必要的情況下向採購單位提出請購需求，讓整個飯店的營業單位能夠無虞的接洽各式宴會業務。請購動作看似簡單，但是由於餐具種類花色繁多，要能夠持續採購現有的同系列餐具其實並不容易。端看製造廠商推出之產品的銷售受歡迎程度，來決定是否繼續生產同系列花色的餐具。如果已經停產，則採購部門可能必須在市場上持續搜尋各家供應商，採購他們既有的庫存貨，以補足餐務部門庫房的庫存缺口。

此外，許多進口的餐具器皿都因為價格昂貴而造成供應商不願意庫存過多，一旦下單採購極可能需要四十五至六十天的進口時程，對於營運單位的使用可能會造成緩不濟急的情況。因此，考慮和大型的餐具器皿進口供應商配合，藉由他們較具優勢的庫存量和有效率的及時進口補貨，能讓飯店餐廳等營業使用單位更安心。

(六)洗滌人員管理

一般而言，飯店的各個營業餐廳所屬的洗滌設備及洗滌人員都屬於餐務部門所管轄。藉由餐務部門的統籌管理及教育訓練，讓所有洗滌人員都能獲得正確的洗滌知識和機器設備的操作技巧。這除了讓餐具在洗滌過程中能夠獲得更正確的洗滌流程，進而獲得更長的使用壽命之外，也可以藉由洗滌人員所反映的一些餐具設計或材質上的缺失，作為爾後是否持續採購的重要參考。

(七)橫向部門間的聯繫協調

飯店裡的各個營業單位除了餐廳之外，還包含外燴、宴會、商務會議甚至客房餐飲服務或是公關活動組，都會因為承接各式餐飲業務或是舉辦活動而有機會向餐務部門提出餐具器皿的申請領用。當然，在週末

或特定假日時也是營業的尖峰時間，很可能有不同的營業單位同時會申請領用平日較不常用、數量也較少的特定器皿。庫存量不敷使用時，餐務部門除了向採購部門申購之外，其實也可以透過部門間的協調讓器具能及時地在不同部門間接連著輪替使用，或是透過協調改用不同的器具作為因應。當然，這中間很重要的因素除了溝通協調能力及高庫存控管力能提高使用率外，各部門間放棄本位主義做善意溝通，讓所有單位都能圓滿獲得問題的解決才是上策。

二、餐廳的餐務工作管理與執行

接下來要介紹的是餐廳的餐務「工作」。之所以會特別以「工作」來稱呼，就是因為餐廳相較於飯店，無論在面積、桌台數、座位數、人員編制、操作複雜的程度乃至於營業額都遠小於飯店的餐飲部門，這中間主要的關鍵是在宴會業務的承接與否。當然就人員編制及工作場所而言，餐廳也確實小了許多，因此鮮少聽聞有餐廳會獨立編制一個餐務單位來統籌處理餐具的盤點、採購、洗滌、維養等後勤工作。但是不可諱言的，上述這些工作在規模較小的餐廳仍必須戮力去執行，以提供生財器具的生產力並且有效控管庫存，避免不敷使用或是庫存過多造成資金運用的浪費。筆者僅就餐務部門的工作執掌如何在一般餐廳被執行做下列的介紹。

(一)庫存管理

在一般較具規模的餐廳裡，多半會有二至三位餐廳經理及主管負責全餐廳的營運，並且排訂班表輪值、樓面值班主管。因此，這些餐廳主管們除了在營運時負責掌握整體營運的順暢度，確保顧客用餐過程中一切的滿意度執行外，每位餐廳主管也都有自身的行政業務。舉凡餐廳的清潔督導、設備維修保養、行銷公關、部門人力管理、消防安檢業務、採購比價、人力資源招募訓練等繁瑣業務，都由餐廳主管來分項負責。

　　一個機制健全的餐廳每個月都必須進行庫存盤點，除了各項食材、飲料等原物料做詳實盤點，以瞭解進銷存狀態進而計算當月損益及成本率外，對於各項餐具器皿等生財器具，也會進行仔細的盤點以確認庫存數量並進而瞭解當月生財器具的損耗。多數的餐廳主管會指派一位信賴可靠的工作人員（通常是正職的工作人員），進行這項常態性的工作。除了初期的仔細訓練教導盤點的技巧及應注意事項之外，固定專人進行盤點也會因為瞭解庫房內各項器具的擺放位置及經驗的累積，讓盤點工作更加有效率。而盤點的數字也可以因此而降低人為的錯誤。在美式餐廳裡習慣稱呼這位常態性進行盤點業務的同事為「倉管員」或「財產管理員」或 "Steward"。

(二)請領發給及回收控管

　　有別於飯店的專屬餐務部門進行庫存管控、請領發給以及回收控管作業，餐廳的倉管員必須更有效率地在每月進行仔細的盤點之外，平時對各項餐具器皿的庫存數量也要有高度的敏感度，並隨時保有一份最近一次的盤點表作為參考。

　　遇有較大型的筵席訂位需要額外從倉庫提領庫存的餐具器皿時，通常也都由倉管員自行取出交給現場工作人員使用。若遇有休假，則通常由較資深的工作人員或主管盤點採購業務的餐廳主管替代。因為省去了文書表格的填寫及公文往返，對於餐具器皿的提領使用遠比飯店來得更有效率，但是缺點是較無法確實控管餐會結束後是否全數回收入庫。只能有賴餐廳主管及工作同仁的戮力配合，在餐會後隨即進行洗滌並裝箱入庫。

　　對於破損的餐具，餐廳和飯店多半會設置有專屬的回收桶負責回收，一來便於垃圾分類且避免清潔人員誤傷，二來也可以藉由在回收桶旁邊設置表格，讓同仁確實填寫破損的項目及數量，作為管理人員的數量參考。

(三)保養及清潔維護

　　餐廳因為規模及預算的關係，多半無法像飯店有專人在進行餐具的保養及清潔維護工作。但是餐具的保養及清潔維護工作仍需要有人來執行，以確保餐具器皿隨時能保持在最佳狀態。現今餐廳的作法多半是利用用餐期間空班的時間，按照預先設定好的時程表進行（見**表1-3**）。至於保養及清潔維護的工作內容，則與飯店並無二致，也同樣採高標準在執行。例如：銀質器具的氧化還原使其保持亮光，甚至定期以拋光機打磨；玻璃杯的定期深度清洗以保持玻璃的高透視度與清晰明亮度；咖啡杯、茶杯的定期漂白刷洗，去除咖啡垢和茶垢；水晶材質的醒酒器（瓶）則以少量海鹽倒入，利用海鹽粗糙的表面幫水晶醒酒瓶的內部做刷洗，藉以去除紅酒所留下的色澤。

表1-3　銀質器皿保養計畫表範例

銀質器皿保養計畫表

年　　　月份

	MON	TUE	WED	THU	FRI	SAT	SUN
	小銀壺 奶盅	胡椒鹽罐 銀架	銀質 冰水壺	銀質 保溫壺	銀質 麵包籃	銀質 醬料盅	銀質 糖包罐
	餐刀	奶油刀	沙拉叉	餐叉	茶匙	湯匙	
Date							
Quantity							
By							
Date							
Quantity							
By							
Date							
Quantity							
By							
Date							
Quantity							
By							

(四)設備維養

　　餐廳並不會因為規模較小而在設備維護保養的工作上有所懈怠。因為這些生財設備多半要價不斐，且在營運當下如果因為沒有定時的維護保養而造成瞬間的故障，將會造成工作人員的困擾進而影響到顧客的用餐品質或權益，千萬不可大意！

　　男性工作人員多半對機械較有與生俱來的天分，或至少較不會排斥接觸這些工作。因此，簡單如冷藏冷凍設備散熱鰭片的定期刷除灰塵污垢（讓壓縮機能有良好的散熱效果）、炭烤爐架的保養、瓦斯爐口的定期清潔確保燃燒完全，都是不可忽略的工作。當然也有許多較精密的設備仍有賴專業技術人員來定期保養清潔，例如常見的吧檯蘇打槍就需要定期的微調糖漿及二氧化碳的比例，讓口味不致偏差；義式咖啡機內建的磨豆機的研磨粗細度也和季節氣候溫溼度有關係，熱水的溫度、鍋爐的蒸氣壓力都必須定期的調校，才能煮出香濃且品質一致的咖啡。

(五)請購

　　除了大型連鎖餐廳會編制採購部幫各分店統籌採購事宜之外，多數餐廳的採購工作都是由主廚及餐廳主管擔任。這種採購方式的優點是使用者即為採購者，多半能有效率的進行規格訂定進而尋貨、議價，再經由業主或餐廳最高主管核可後，隨即進行下單訂購。

　　快速的決策流程和少了餐廳分店和總公司採購部間的聯繫時間，讓整個工作流程所需時間節省不少，也避免了餐廳使用單位、採購部以及廠商三方間的溝通誤會，讓整體的效率提升。缺點則是因為單店採購數量上明顯遠不及連鎖餐廳或大型飯店，自然在議價空間上小了許多。對於初次訂購交易的廠商，彼此間的信賴度也無法相提並論。

　　若是遇上特定花色系列的餐具停產時，因為餐廳所需數量較小，廠商在其同業間調度庫存以供應餐廳所需，多半比較能夠滿足餐廳小量訂購的需求。即使廠商無法調度到市面上的庫存，而必須全面更換餐具款

式時，餐廳也會因為決策流程快、餐具需求量較小，而較易在短時間內全面更換餐具。在營運上的彈性靈活度顯然比飯店或大型連鎖餐廳來得更快、更有效率。

(六)洗滌人員管理

　　傳統僱用員工以沙拉脫搭配手洗的方式來做餐具洗滌的工作，現在已經逐漸式微，僅存在於小型傳統的餐飲店家。現今多數的餐廳多設有機械式的洗滌設備，搭配專屬的洗滌藥劑做有效率的餐具洗滌工作。至於洗滌人員，大型餐廳多半會將餐廳清潔打掃工作及餐具洗滌工作外包給專業的清潔公司執行外，多數中小型餐廳仍自行僱用洗滌人員或是由工讀生輪班進行洗滌工作。

　　良善的洗滌設備操作及維護，並搭配訓練有素的洗滌人員，除了能將洗滌工作確實落實之外，對於洗滌化學藥劑的使用也可以因為有效的機械操作達到節省的目的，並且同樣完成良好的洗滌效果。在本書後面的章節裡，會針對洗滌設備的操作要領及工作原理做更詳細的敘述。

第三節　預算編列及破損控管

一、預算編列

　　餐廳在著手籌備期間工作繁多，舉凡概念型態的擬定、地點選定、設計規劃、工程施工，乃至於內部視覺陳列設計、設備機具及餐具布品的選擇，都考驗著業主的智慧與判斷力。而其中餐具布巾類在選擇時要考慮的幾個要素如下：

(一)視覺效果

中國人對於飲食講究的程度可以從古人常說的「色、香、味」看出端倪。其中「色」，指的是除了菜色本身在食材顏色及盛盤裝飾之外，餐具的搭配更是具有畫龍點睛的效果，而且視覺傳達到顧客的大腦速度，遠比聞到香味以及親自嚐上一口所感受到的美味來得快許多。

當視覺印象成了饕客們享用美食的第一印象，在餐具選擇上自然需要多費些心思了。目前坊間餐具供應商除了一些基本款的實用餐具外，也樂意引進國外名師設計的高價餐具，就是為了迎合餐廳業者和用餐顧客的喜好及需求。這些極富設計感的餐具，除了能滿足基本的餐具功能之外，線條唯美立體、用色大膽等都是其特色。餐廳業者不妨在預算能夠負荷的前提下多做比較，審慎選擇，用以呼應餐廳布巾、陳列擺設藝術品以及裝潢基調，讓整體的氛圍能更有加分的效果。

(二)材質與耐用度

不可否認材質的選用脫離不了採購成本的變動，但是卻不見得與耐用度有等比的變動。也就是說，好的材質確實對耐用度多少有提升的效果，但是好的材質對於採購成本的提高，卻有更明顯的影響。

舉例來說，瓷器餐具除了一般瓷器之外，強化瓷器近年成了最受歡迎的材質。強化瓷器除了維持瓷器與生俱來的美觀、質感佳之外，密度更高、更堅固、不易破損是它的優點，而合理的價格更成為它受歡迎度歷久不衰的原因。骨瓷雖然具有更高的硬度及優雅的質感，但是它的價格偏高就成了高級餐廳才會考慮採購的材質。至於美耐皿（Melamine），價格便宜、耐摔、好看是最大特色，但是人造塑膠的材質畢竟難登大雅之堂，只有在一般簡餐或經濟型餐廳才會考慮採用。

(三)廠商後續供貨能力

賠錢生意無人做，餐具廠商費心設計開發出來的餐具如果無法獲得

市場的青睞，則會有兩個後續的作法：一是停止生產讓生產線改生產其他受歡迎的產品，以提高工廠產能；二是將既有滯銷的庫存品以低價出清，減少庫存帶來的資金壓力並提高庫房的儲存效能。

　　餐廳在選購餐具時如果挑到這種停產的餐具，固然在採購成本上節省不少的預算，但是換來的就是日後買不到同款商品的困擾。除非餐廳在選購之初就已經知曉停產餐具的情形，並且早已有了因應對策（例如屆時打算全面更換餐具款式），否則仍應三思而行。

(四)實用性

　　曾經有人開玩笑地說：「餐具的選擇務必請教從事餐飲事業的人，千萬不能只聽外行人或是裝潢設計師的建議，因為通常發生的問題都是中看不中用。」這樣的結論雖然不是完全正確，卻也點出了旁觀者（設計師或其他不相干的人）與當局者（即使用者，這包含了顧客、餐飲服務員、洗滌員、倉管員）的立場不同。旁觀者的立場其實相當單純，就是外觀唯美，單獨看起來要好看，和桌布裝潢的搭配也要有加分的效果，但是就當局者而言要考慮的可就多了許多。

　　湯碗及飯碗的碗口幅度收得是否恰當，會直接影響客人用餐時就口性的適切與否，喝湯時尤其容易受到影響。西式餐具把柄是否好握、餐刀是否方便施力，這些問題都是與用餐客人息息相關的，仔細地選擇是對用餐客人的一種尊重與體貼。而餐具是否弧度恰當則直接影響到透過洗碗機洗滌效果的好壞，對倉管人員及廚房工作人員來說，方便堆疊也是一個考慮，不妨在選擇餐盤、湯杯或咖啡杯具時，試試看能否多個堆疊起來。很多日系及南洋料理的餐具常會有不易堆疊而浪費擺設空間的情況產生。

　　餐具選錯了會造成顧客及工作人員的不便，也間接埋下了全面更換餐具的因素之一，形成了將來全面換購餐具造成預算必須提高無法逃避的事實。

　　綜上所述，不難發現其實除了第一項所提的視覺效果之外，其他各項要素都與預算編列產生程度不一的影響關係。不論是餐廳的籌備或是營運後每年度編列預算補充餐具布品的合理數量，都必須審慎為之。在數量上首要確認的就是「安全庫存量」的訂定。每一個餐廳依據營業的型態、消費客層的設定、餐桌和座椅數，以及主廚在考量菜色與餐具的搭配時，是否也考慮到同一款餐具盛裝其他餐點的相通性，都會影響安全庫存量的設定必須拉高或降低。一般而言，餐具設定在座位數的兩倍為基本的安全庫存量；而布巾類因為損耗快，又通常外包給專業的洗衣工廠清洗漿燙，因而多出了兩天往返的工作天數，而必須將布巾類的安全庫存量拉高至五倍較為妥當。

　　有了這樣的安全庫存基礎後，到了年底要補足年度損耗的餐具時，就能很快地擬定合理的採購數量，此種作法稱之為「務實作法」，其公式如下：

年度預計採購數量＝安全庫存量－既有庫存量

　　如果餐廳資金及庫房空間充裕，或因為擔心花色後續供貨能力而提高了未來採購的難度時，也可以採用下面另一種計算方式，在此稱它為「理想作法」。兩者的不同點在於：「務實作法」為補足安全庫存量後，隨著營運正常損耗而持續降低既有庫存量，換句話說，餐廳的既有數量一直都是處在安全庫存量以下，到了年度採購時再補齊至安全庫存數量。這樣的方式等於餐廳的既有數量隨時都低於安全庫存量，徒增營運上的不便。但除了在遇到大型餐會時必須緊急採購或向同業調度商借之外，平常營運時倒還未必有大問題產生，對於餐飲事業近年高度競爭業績難以維持以往的情況下，確實在資金調度或現實考量下，此種務實的採購方式被多數餐廳所採用。

　　而「理想作法」的公式則是讓既有庫存量隨時高於安全庫存量，在年度採購之前餐廳的庫存數量都還能維持在安全庫存量之上，屬於較耗費資金及庫存空間且保守的作法。其公式如下：

年度預計採購數量＝安全庫存量－既有庫存量＋年度預計耗損量

二、破損控管

　　餐具布巾等生財器具破損或報廢是餐廳經營所必須面對的事實（見**表1-4**），然而如何有效的利用這些生財器具，在報廢前提高最大的生產力，以及如何有效的控制損耗降低營運成本，就成了餐務部門主管的重要工作。當然，這也有賴全體工作人員的高度配合。

　　有這樣一個說法：就餐廳器皿餐具而言，合理的破損成本約在營業額的0.1%至0.2%之間。換句話說，一家月營業額兩百萬一百個座席的中型餐廳，每月可容忍的餐具破損成本約在新臺幣兩千至四千元之間。但筆者認為這樣的數字其實仍應參考幾個因素，例如餐廳業種型態及設定目標客群就是訂定破損率的參考要素之一。唯一可以確定的是，所有的業者都希望餐廳的破損率能夠盡量降低，而這也有賴於餐廳主管的有效管理及全體工作人員的心態建立。就管理而言，主要的要點有：

(一)規劃適當的工作動線

　　餐廳是個公共場所，顧客在用餐期間可能會因為上洗手間、接聽電話或其他原因而在餐廳自由走動，但是對外場服務人員而言，仍必須亂中有序地依循公司內規來行進。尤其是當手上拿著餐盤、飲料或其他危險的物品（例如有酒精膏點火包溫的菜色）時，在行經人群時更應適時提醒旁人留意。而到了內場廚房區域，則應該明顯規劃動線，例如單行道的規劃；如果廚房只有一個門提供進出，也應該清楚標示以推或拉的

表1-4　各類器皿年限損耗

類別	損耗率（%）	使用年限
陶瓷	25~35	3~5
玻璃	45~65	1~3
金屬	3~8	5+
布巾	15~25	2~3

資料來源：阮仲仁（1991）。

方式進出廚房，才不至於有碰撞情況產生。當然，在廚房門片上安裝一片玻璃供進出的人員預先看到對向是否有人進出，也能大幅降低意外碰撞造成破損的情況產生。

(二)規劃適當的存放空間及工具

對於降低破損，規劃適當的存放空間及存放工具是非常重要的。因為在洗滌區以及庫房如果有破損產生通常都是整疊的數十個餐盤摔破，對於破損成本控制有絕對的影響。現在的餐具供應商多半有販售專供大量堆疊餐盤的配盤車（見圖1-1），餐廳可以依據自身的餐盤規格選購適合的配盤車來儲存餐盤，做有效的堆疊並且方便正確盤點。若能附上車輪的貼心設計將更是方便安全的移動，省下破損的風險和不必要的人力浪費。此外，重物不要堆疊在過高的層架上、層架邊緣規劃有矮牆可避免餐具動輒摔落等，這些都是實用的作法。

(三)獎懲辦法的制度建立

幾乎沒有員工會故意摔落餐盤造成公司成本的浪費是可以確定的事，但不可諱言的是，很多的破損多半是因為工作人員不夠小心謹慎所

圖1-1　配盤車

導致。適度的獎懲制度可以有效降低破損率，例如透過長期的破損統計對發生頻率過高的員工進行再教育，並斟酌在營業獎金或工作績效獎金撥發時適度進行減額；對於長期以來少有破損的員工自然也就必須予以獎賞，像是本季最佳員工獎、餐盤愛護達人獎，以實質的獎金搭配獎狀激勵員工。

(四)員工的心態教育

心態教育的養成與獎懲辦法的配套實施是可以同時並進的，員工對於公司的向心力、歸屬感，會直接影響到他對工作的尊重與嚴謹心態，培養員工用業主的心態來看事情，把公司當成自己的企業來面對工作，自然就會對他自身的工作內容更加謹慎。

筆者曾經看過有餐廳業者在洗滌區以及員工休息室，將破碎的餐具簡單拼湊後，在旁邊標示餐具的進價成本、一整年的累計破損金額、相等於工讀生的工作時數才有的收入等等，並將之裱框懸掛起來用以警惕大家，相當具有震撼力！

(五)消極的防範作為

除了上述各種正面積極的作為之外，亡羊補牢的工作也不能不做。很多飯店（尤其宴會廳）因為營運忙碌，工作人員不慎將餐具連同垃圾倒入垃圾桶的情況時有所聞。於是很多飯店都會在垃圾桶的桶口加掛大型強力磁鐵，用以吸附不慎被丟入的不鏽鋼餐具，以減少損失。此外，也可以與洗衣工廠保持良好互動，他們也經常在送洗的口布、桌巾堆中，撿拾到很多小茶匙、甜點叉匙等餐具，並且如數送回餐廳來。

Chapter 2

中西餐具概述

第一節　前言

　　近幾年來M型化社會趨勢日益明顯，造成許多餐飲服務業除了在餐點口味及菜單設計上更加用心琢磨之外，周邊價值的創造也成了非常重要的課題。二〇〇四年出版市場上出現了一本非常出名的書籍，是由瓊恩‧布特曼（John Butman）、尼爾‧費斯科（Neil Fiske）以及麥可‧席維斯坦（Michael J. Silverstein）所共同合著的《奢華，正在流行》（*Trading Up*），書中主要闡述的一個觀點就是現今服務業乃至於銷售業及製造業都必須改正心態，讓商品不再只是商品，必須創造其周邊的附加價值，方能夠以更高的售價來區隔高度競爭、過度供給的市場，進而創造自己的獨特性。

　　以新北市烏來區的溫泉為例，附近溫泉區所有的泡湯業者都是同樣取自烏來地層下的溫泉水，他們都來自相同的泉脈，擁有相同的水質，卻因為不同的湯屋設計裝潢、服務品質、品牌價值，而各自擁有不同的消費族群。也因此同樣是泡湯但所付出的代價可能達到數十倍不等的價格。這說明了產品本身所能創造的價值及售價是非常有限的，唯有多創造一些精神層面的附加產品，例如服務、包裝、視覺設計、主題氛圍創造等，才能更具競爭力。

　　餐飲業也是相同的道理。餐廳在現今極度競爭的市場裡，單純的提供餐點以滿足顧客的口腹之欲，早已無法永續經營下去。如果我們套用心理學家馬斯洛（Abraham Harold Maslo, 1908-1970）的理論，餐廳必須能夠提高顧客滿足的層次到「美與知識需求」階段，甚至到了「自我實現」的階段（見**圖2-1**）。如果把這樣的概念套用到餐飲業，則包括了餐廳（包含餐廳的洗手間及任何客人所能到達的公眾區域）的裝潢、主題氛圍及餐具、桌巾、口布、燭台、胡椒鹽罐等等，以及任何來消費的客人所會聽到、看到、接觸與使用到的一切。

　　對餐廳業者而言，除了滿足上述種種考量之外，尚必須審慎的替

圖2-1　馬斯洛需求層次理論

顧客多加考慮，例如實用性、耐用性、採購預算的可接受度等。實用性是為了工作人員操作服務上的方便，也兼顧客人享用餐點時的適用度；而耐用性和採購預算的可接受度，則關係著餐廳的營運成本（生財器具的採購成本、餐具損耗成本）。畢竟缺角的餐盤對服務人員、洗滌人員、顧客而言都是危險的，且容易滋生細菌，大大影響顧客對餐廳的印象。專家們估計，餐廳業者每年對於餐具添購數量約需初期購買數量的20%，大型餐廳的估計值甚至高達80%（沈玉振譯，2001a）。

　　本章將針對中西餐的各項常用餐具做圖文的說明，讓讀者對於各項餐具的功能或尺寸規格有初步的瞭解；另外也會針對器皿的材質及保養進行概述性的說明，其中包括餐具的歷史演進、器皿的種類與各類材質器皿的清潔保養維護。

 第二節　餐具的歷史演進

　　陶器是生活在世界各地的人類共同發明的。大約在一萬年到八千

年前的這兩千年時間內，世界各地的人類幾乎同時發明並且開始使用陶器。中國陶器出現在原始社會的新石器時代，也就是距今一萬二千年至一萬年的時候，進入農業生活以後，為了適應烹煮食物而逐步產生和發展起來。新石器時代陶器的出現，必然會在人類的生活中產生非常重大的意義。它使得人類的生活得到極大的改善，尤其需要提到的一點就是「人工取火法」的掌握，人類才有可能把黏土製成的器物放在火中燒製成為陶器。

所以我們說陶器的發明是人類社會進步的重要里程碑，由於黏土不怕火，經火燒後變得堅硬，啟發了人們用黏土做成容器放在火上烤硬。從考古學家所掘出的出土物證明，最早的陶器製作是在編織或木製容器的內外包抹上一層黏土使之耐火。後來發現黏土不一定非要裡面的容器也一樣能成型。江西省上饒市萬年縣仙人洞遺址發現了一萬年以前的陶片，說明在西元前八千年之前的舊石器時代晚期，中國已經出現了陶器。陶器上遺留下來的手印較細小，證明當時是女子製陶。隨著製陶技術的逐步成熟，修飾方法也逐漸提高，使陶器的器壁有可能更均勻、更薄，並且為了美觀考量，陶器上出現了籃紋、席紋、繩紋等紋飾，也有用鵝卵石在陶器上打磨光滑或彩繪的。

就中國的歷史演進而言，依據考古學家就出土的文物得知，其實早在商周時期就出現了烹飪史上的重要發現——青銅炊餐具。所謂青銅，就是銅和錫的合金，自然界的純銅雖然可以製成炊具容器，但是質地過軟並不實用。青銅炊具主要有鼎、鬲、鑊、釜等，分述如下：

1. 銅鼎：是在陶鼎的基礎上發展而成的，迄今所知的古代第一大銅鼎是殷墟出土的「司母戊」大方鼎，重達八百七十五公斤。
2. 銅鬲：青銅鬲也是在陶器的基礎上改以銅質為材料，形狀是大口下方有三支矮短的中空錐形足。
3. 銅鑊：無足的鼎。銅鑊是重要的設計，成了日後鍋具設計的啟發。
4. 銅釜：口大且深，圓底，有或無耳，近似現代的鍋具。

5.銅炒盤：煎烤食物的炊具，或可稱之為炙爐。跡象顯示最早的銅炒
　盤為戰國時期的發明產物。

　　除上述之外，這一時期的食器還有以玉石、漆、象牙等材質製成的
餐具，多為貴族所享用。以玉製作的餐具在原始社會後期已經出現；漆
製餐具則主要在商代及戰國時期被採用；象牙餐具則可追溯到新石器時
期；至於筷子，早期以竹或木製成，較不易長時間保存，商代則已經出
現銅箸、象牙箸（中華文化信息網，2008）。

第三節　餐具器皿的種類

　　餐具的分類可以依據其功能或材質來做簡單的分類，其中涵蓋：

一、盤碟器皿

　　盤碟器皿（Flatware）泛指所有盛裝餐點菜餚湯品的容器，材質包括
陶器、瓷器、玻璃、美耐皿等為大宗。有時我們也稱此類器皿為「用餐
器皿」（Dinnerware），或是把陶瓷類的餐盤器皿稱之為「陶瓷器皿」
（Chinaware）。

　　餐盤的結構並非只是一個平整的盤子，它仍有基本的設計結構，並
且在外型上可以有多樣的變化，例如圓形、橢圓、長方、正方、六角、
八角等。在餐盤邊緣上也可以是平整的、規則的，或不規則的鋸齒狀，
稱之為「貝殼邊餐盤」（Scalloped Edges）；這種餐盤設計不僅具巧思，
且不易產生裂痕，但不是所有餐廳都會採用，不屬於大宗產品。餐盤的
基本結構可分為盤界（Verge）、盤肩（Shoulder）、盤面底（Well）、盤
邊（Rim）、盤緣（Edge）及盤底柱（Foot）（見**圖2-2**）。

　　陶瓷類餐具約略可分為陶類（Pottery）、陶瓷（Ceramic, China）和
骨瓷（Bone China）。

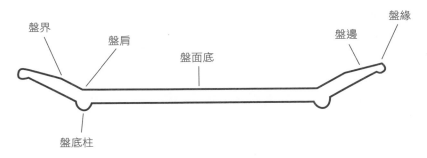

圖2-2　餐盤的部位說明

資料來源：Irving J. Mills (1989).

(一)陶類

陶類是經由陶土原料混合之後加以塑型，再經過燒烤即可製成。新北市鶯歌區是臺灣的陶器重鎮，當地近年來已經發展成為陶瓷觀光主題的城鎮，每逢假日遊客如織。許多商家除了販賣各式陶瓷類餐具器皿及裝飾品之外，也提供遊客體驗DIY手拉胚塑型，再由店家代為燒烤後供遊客帶回，成為獨一無二的陶器作品，相當富有趣味及紀念價值。

(二)陶瓷

選用陶瓷的主要原因有：

1.耐高溫，與高溫食物接觸不易發生有毒物質釋出的疑慮。
2.油污不容易附著，方便洗滌。
3.耐磨損，不易被刀叉刮花盤面，或因用力切割而造成裂縫。
4.表面光滑潔白，洗滌員及服務員方便檢視是否髒污。
5.具時尚品味，對於餐廳氛圍創造有加分效果。
6.製作成本較低廉，適合商業使用。
7.外型變化多樣，對於少數強調品味的餐廳甚至可以訂製，可符合業主的需求。

(三)骨瓷（或稱英式瓷器）

淵源於十八世紀末，英國人在製作類似中國瓷器的過程中加入了焙燒（Roasting）過的動物骨灰燒製而成，因此稱之為骨瓷或英式瓷器（English china）。骨瓷標準高低不同，根據英國所設的骨瓷標準為含有30%來自動物骨骼中的磷酸三鈣，成品需具有透光性；美國的設置標準則稍低，為25%；以著名品牌Royal Bone China為例，其骨粉比例甚至高達45%，燒製過程中相對的陶土比例也隨之減少，成型的難度自然提高，也就需要更慎密的燒製技術，還因此被泰國皇室指定為御用餐具，並獲得多項國際認證及獎項。

骨瓷的特性為強度高不易破損，看起來外型非常細緻，但是因為品質縝密、結構完整且完全不吸收水分，強度約為一般瓷器的二・二五倍，尤其是盤緣不易缺角破裂（俊欣行、Royal Procelain）。

(四)美耐皿

美耐皿是一種高級耐熱的塑膠製品。它的原料是三聚氰胺，多半是用來製造樹脂等相關產品，用途相當廣泛。在臺灣，台肥公司於一九七九年引進國外的技術，並且生產開發出純度高達99.8%的三聚氰胺，並將之製作成餐具器皿。因為美耐皿同時具有瓷器的優美質感，並同時具有耐摔不易破且耐高溫的特性，所以被稱之為美耐皿。它可以承受一百二十度的高溫與零下二十度的低溫且不易燃，但缺點是無法適用在微波爐及烤箱內。

市場上的美耐皿分為兩個等級，次級的價格僅約一般美耐皿的一半價格，但是材質較薄，容易退去光澤，表面容易刮花，耐溫度也較差（僅約八十度），較不適合餐廳採購來作為商業用途。

二、玻璃器皿

依據歷史的記載，最早關於玻璃的文獻是在埃及被發現的，之後經由貿易通商關係傳到古希臘羅馬帝國，並逐漸在歐洲普及。玻璃器皿（Glassware）最大的好處是視覺上的美觀，它清澈透明，具有高視覺穿透性的特色，賦予使用者几淨明亮的好印象。也因為這樣的特色，玻璃器皿通常被安排來盛裝冰冷的食物或飲料，例如開胃菜、沙拉、冷飲或甜點。對於使用者而言，具有提升視覺享受及增進食慾的效果。當然，易破碎是它的缺點，使用時應格外小心。

(一)一般玻璃

玻璃的製作是利用矽砂、蘇打以及石灰石一起放在高溫的爐子（約一千二百至一千五百度左右）裡混合熔化而成的。矽砂可說是玻璃的主要原料，至於加入蘇打的用意在降低矽砂的熔點。不論是否加入蘇打，做出的玻璃均會溶於水中，這也是為何需要再加入石灰石的原因。經由石灰石的加入讓玻璃能夠成為硬質。有了這樣的概念之後，就不難察覺其實只要調整玻璃的成分就可以有不同的效果。

舉例來說，市面上常見又厚又重的生啤酒杯，就是在製作過程中少了石灰石，取而代之的是使用氧化鉛，氧化鉛可以達到又重又厚的外觀效果。

(二)水晶玻璃

水晶玻璃與一般玻璃的主要差異在於含鉛量的多寡。通常水晶玻璃的含鉛量約在7%至24%之間，有趣的是，各國對於水晶玻璃的含鉛量標準略有不同，例如歐盟是10%，捷克則高達24%。

最簡單的辨別方式有以下兩種：

1.折光率：含鉛量愈高的水晶玻璃杯，其折光率就愈好，散發出來純淨晶瑩程度會與一般玻璃的低折光率有很大的差異。

2.敲擊聲：對於愛用水晶杯品嚐紅酒的人來說，其中一個莫大的享受就是在交杯敬酒時，聽著酒杯相互碰撞所發出那餘音繚繞的聲音，久久無法忘懷。反之，一般的玻璃杯相互碰撞只會發出沉悶短暫的聲音，也沒有迴音的碰撞聲。兩者差異頗大！

三、刀叉匙桌上餐具

很多人都認為用餐時的餐具，不論是中西餐在餐具的選擇上，重量和材質最能彰顯氣派和奢華。在早期，較具重量的餐具甚至代表著社會地位的崇高。然而就西餐而言，一般人較不會有機會把餐盤端在手上，於是刀叉匙餐具的重量愈容易被用餐的客人注意到。沉甸甸的手感加上貴金屬的感覺，讓人用起餐來心情感覺特別好。

說起刀叉匙的典故，根據亨利・波卓斯基（Henry Petroski）在《利器》（*The Evolution of Useful Things*）（丁佩芝、陳月霞譯，1997）中所言，古希臘羅馬時代就有類似叉子的器物，但在文獻中並沒有紀錄曾應用到餐桌上。古希臘的廚師有一種廚具類似叉子，可以將肉從燒滾的爐子取出，以免燙到手。海神的三叉戟及草叉也是類似的器物。最早的叉子只有兩個尖齒，主要擺在廚房，方便在切主食時固定食物所用，其功用和先前的刀子相同，但可防止肉類食物捲曲滾動。

刀叉的演變互相影響，湯匙則獨立於外。湯匙大概是最早的餐具，源自於以手取食時手掌所呈現的形狀。用手取食畢竟不便，於是蛤、牡蠣及蚌殼的外殼便派上用場。甲殼盛水的功能比較好，也可使手保持乾淨和乾燥，但舀湯時卻容易弄溼手指頭，因此便想到加上握柄。用木頭刻湯匙可同時刻個握柄，英文湯匙的Spoon這個字原義即為木片。後來發明用鐵模鑄造湯匙，湯匙的形狀可自由變化，以改進功能或增加美觀，但是從十四到二十世紀，不論是圓長形、橢圓長形或卵形，湯匙盛食物的凹處部分還是與甲殼的形狀相去不遠。十七世紀晚期及十八世紀早期歐洲的刀叉匙，大致決定了今日歐美餐具的形式。

　　刀叉匙通常是鍍銀或不鏽鋼材質所製成，因此也可以通稱為「銀質餐具」（Silverware）。不鏽鋼材質因為造價較便宜，而且耐用，外觀明亮容易保養，一直深受餐廳業者的喜愛，而不鏽鋼製的刀叉整體的質感，對於客人來說也多半能夠欣然接受。只是對於高級餐廳而言，不鏽鋼餐具可能就無法滿足頂尖消費客層的心理需求，而改採鍍銀的餐具，畢竟這些鍍銀餐具擺在桌上搭配雅緻的餐盤，再配上典雅高貴的燭台，確實能把用餐的好心情推到最高點。茲分析如下：

(一)不鏽鋼

　　不鏽鋼俗稱白鐵，擁有耐酸、耐熱、耐蝕性，且具有明亮好清潔的特性。它其實擁有許多的種類系列，分別代表著不同的特性，大致可分為三○○系列及四○○系列。三○○系列屬於鎳系特性，成型性較佳，通常被使用在廚具、建材、製管、醫療器材及工業用途，其中又以三○四較具代表性。而四○○系列則因為材質較硬，通常被製成不鏽鋼刀器、餐具或機械零件。

　　不鏽鋼製造業在臺灣是相當成熟的產業，早在民國七○年代末期臺灣生產出口的不鏽鋼餐具就已經超過全球的50%。除了技術純熟之外，產品良率高且具有設計質感都是主因。《商業周刊》第一○二一期甚至專題報導過臺灣知名的不鏽鋼餐具製造業者，他們以攝氏八百度的高溫將不鏽鋼軟化後重新塑型。看似簡單的動作其實是全世界第一家以鍛鑄方式生產餐具的工廠，就如廠長在接受記者訪問時所說：「鍛鑄過程，就像古代製作寶劍一樣，不像是生產餐具，更像是生產藝術品。」（胡釗維，2007）

(二)鍍銀

　　鍍銀的餐具往往只出現在高級的餐廳或是一些奢華的晚宴上。其製作的方式主要是以不鏽鋼或是合金（通常是鎳、黃銅、銅或是鋅）在高溫的環境下燒熔之後的混合物，再利用電鍍的方式將銀附著到餐具的

表面上。在電鍍的過程中，銀的多寡直接影響到電鍍上去後的厚度，也直接牽動著餐具的成本。電鍍過程如果控管不佳容易造成日後銀質表面脫落，造成外觀上的缺損而上不了餐桌。此外，隨著經年累月的使用、洗滌、保養，自然的銀質脫落是必然的，因此在壽命上較不如不鏽鋼餐具。餐廳業者千萬不要採購了卻捨不得使用而束之高閣，因為這樣只會讓銀質餐具的外觀更易氧化，唯有經常性的正常使用，並且完善的定期保養才是上策。

四、其他金屬類鍋具

除了上述所提到的幾種餐具的主要材質之外，在餐廳廚房還存在著多種不同金屬所製成的各式鍋具。不同的材質各自擁有自己的物理特性（見**表2-1**、**2-2**、**圖2-3**）。例如：

表2-1　金屬導熱比較表　　　　　　單位：W/M℃

	導熱速度
銅	386
鋁	204
鐵	73

*單位說明：在相同時間且溫差相同的環境下，每單位時間（秒）所通過的焦耳數。

資料來源：俊欣行附屬門市iuse餐具專門店門市告示資料。

表2-2　鍋具物理特性分析表

	硬度	導熱度	抗氧化性	抗酸性
鋁鍋	★	★★★	★	★★
銅合金	★★★	★★★	★★	★★
不鏽鋼	★★	★	★★★	★★★
鑄鐵	★★	★★	★	★★★

*因合金實際的成分比重而有不同表現，上表僅作參考。

資料來源：俊欣行附屬門市iuse餐具專門店門市告示資料。

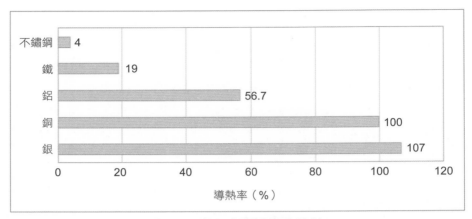

圖2-3　常用金屬導熱率比較

資料來源：俊欣行附屬門市iuse餐具專門店門市告示資料。

(一)鐵質

鐵質的物理特性為導熱均勻，常被製作為煎鍋或炸鍋，缺點是容易生鏽，誤食生鏽鍋具所烹調的食物容易引起噁心、嘔吐，以及腹瀉等不適症狀。

(二)鍍金、鍍銅

鍍金或鍍銅不會產生上述的食物中毒問題，且有美觀及耐用的優點，具耐腐蝕性。但是，價格自然昂貴許多，通常出現在高級餐廳飯店的自助餐台上，以及一些較奢華隆重的宴會或是設有開放式廚房的高級餐廳。

銅為人體中不可或缺的元素之一，銅鍋除了具有良好的物理性，例如導熱快、保溫佳之外，銅的微量元素也有殺死大腸桿菌的作用。

(三)鋁

鋁的來源是來自於黏土從電鎔爐中所提煉出來，用來製造鍋具，其

優點是導熱快、重量輕、價格便宜。鋁的金屬質地較軟，碰撞容易變形是它常見的缺點。此外，常有聽聞鋁鍋容易有毒，認為經過多次使用後的鋁鍋，因頻繁接觸高溫與食物中的酸、鹼、鹽度產生變化，容易造成金屬溶解，釋放出毒素，造成食用者神經系統方面的傷害。

(四)鋁合金

　　利用鋁合金材質的目的是為了克服上述鋁製鍋具的問題，近年來鋁合金的接受度逐漸提高。它同樣保有重量輕、導熱快的優點，表面經過陽極處理後又讓美觀性大大提升，同時在耐熱度上也有不錯的表現，約在攝氏四百二十七度。

第四節　中西式餐具與外場餐具的圖文說明

　　餐具在餐廳裡所扮演的角色除了是客人最基本用餐時的工具之外，對於整體餐廳形象、質感或是就視覺美學的角度來看，餐具也扮演著畫龍點睛的效果，甚至可以當作是裝置藝術的一部分。而現今的餐具在設計開發之時，也確實有愈來愈時尚的感覺，除了造型前衛、線條簡單之外，用色大膽也是一個趨勢，讓除了傳統典型的白色餐具之外，多出了大膽的全黑色以及多彩的時尚風格。

　　在使用上，中式的餐具多半為國人所熟悉使用，而西式的刀叉餐具擺設方式和用法，直至今日仍然常在餐廳裡看到用餐客人對於西餐禮儀或餐具用法不是那麼熟悉的畫面，其中最常見的情況莫過於錯拿身旁用餐客人的餐具，從業人員對於基本的西餐禮儀實不可不知。另外尚針對外場工作人員在進行餐飲服務時，常用到的輔助用品器具也做了部分的說明。

一、西式餐具

商品	名稱	規格	說明
	大同新夢瓷純咖啡杯	§8.5×H5.3cm／170cc	多用於單品咖啡，例如美式咖啡或採用虹吸式咖啡壺所煮出的各式品種咖啡，如曼特寧、巴西或藍山等。
	大同新夢瓷純咖啡杯盤	§14.2cm	
	日製SW紅茶濾茶器	L160mm	不鏽鋼製濾孔小，適用於英式茶品沖泡時濾茶用，使細小茶渣不致掉進茶中。
	大同新夢瓷圓盤	§15×H1.8cm	通用型西式圓盤有各種尺寸供選擇，用於開胃菜、沙拉、主菜或甜點皆可。各式不同功用的餐盤主要是由尺寸來做區分，以主菜盤為例，通常為9-11吋。依照各家品牌及系列的不同而有不同顏色或花紋，甚至盤緣有鑲金邊等各類造型。因為主菜多為熱食，餐盤選購時應考慮耐熱度及保溫性。前菜盤則多半採用9吋左右的盤徑，但仍有餐廳習慣以較大尺寸的餐盤作為前菜盤，除為視覺效果之外，也可和其他主菜盤共用，避免過度採購。而餐前的麵包盤則多半約6-7吋左右盤徑。
	大同新夢瓷圓盤	§18×H1.8cm	
	大同新夢瓷圓盤	§20.5×H2.5cm	
	大同新夢瓷圓盤	§30.5×H3.7cm	
	CAL佐料盅	300cc.	可用於盛裝各種醬料，讓用餐者自行斟酌使用，如咖哩醬、沙拉醬或各式牛排醬。
	蛋架／雙向／鍍銀	W5×H5.8cm	可將水煮蛋或生蛋立於蛋架內，通常用於西式早餐或火鍋店讓使用者放生蛋用。
	UK檸檬擠壓器	6.5×8.5×H1.5cm	不鏽鋼製，讓使用者自行將檸檬角置入，壓擠使果汁滴入餐點或飲料中，檸檬角以不超過1/6為原則。

商品	名稱	規格	說明
	大同新夢瓷糖包盒	L9.2×H5cm	糖包罐。放在餐桌上，供使用者自行取用糖包。
	大同新夢瓷奶壺	L8.3×H8.7cm／200cc.	奶壺可置入牛奶或鮮奶油放在餐桌上，供使用者自行斟酌使用。
	橢圓型烤盤（白）（米）8oz	19×11cm	多種尺寸顏色，為陶質製，多用於焗烤類餐點或甜品焦糖布丁，可放入烤箱內或直火噴烤。
	橢圓型烤盅／白、綠、黃、咖	14×23.5×H4.5cm	
	ＮＬＰ５牛排刀(SH)	23.8cm（右一）	西式用餐個人刀具，依尺寸造型各有不同用途。擺放於餐桌上，放在使用者的右手邊。最先使用的刀具擺最右側，依序往左拿取使用。
	NLPA餐刀／實心	24.3cm（右二）	
	ＮＬＰ５點心刀(SH)	20.7cm（右三）	
	NLPA魚刀	18.9cm（右四）	
	NLP5大餐叉	20.3cm（右一）	西式用餐個人叉具，依尺寸造型各有不同用途。擺放於餐桌上，放在使用者的左手邊。最先使用的叉具擺在最左側，依序往右拿取使用。
	NLPA點心叉	17.3cm（右二）	
	NLPA魚叉	17.5cm（右三）	
	NLPA蛋糕叉	14.2cm（右四）	
	日製MT／WLT田螺叉18-8	L140mm	
	TRI5冰茶匙	L177mm	用於冰紅茶或冰咖啡等較高型的杯具冷飲攪拌用，並非利用匙具喝茶，需搭配吸管使用。
	日製ＳＷ糖盅／Mark II	280cc.（5人用）	不鏽鋼製糖罐，用以存放散裝的白砂糖或紅糖，擺放於餐桌上由使用者自行斟酌使用。

商品	名稱	規格	說明
	藤製角籃	16×13.5×6cm	多用途，如置放餐巾紙或餐前小麵包等。不宜過度水洗，應定期曝曬避免發霉。
	萊利歐870濃縮咖啡杯（白）	§65×H5.3cm／100cc.	義式濃縮咖啡杯，只用於Espresso義式濃縮咖啡。不需搭配糖、奶精及茶匙。
	萊利歐870濃縮咖啡杯底碟（白）	§11.8cm	義式濃縮咖啡盤，專用於墊在義式咖啡杯下。
	萊利歐870牙籤罐	§5×H4.9cm	用於立放單支包裝的牙籤，置放於餐桌或櫃檯上供客人自行取用。
	大同新夢瓷口布環	3.5×5cm	口布環材質及款式多樣，可套入造型過的口布避免鬆脫。
	藤製餐巾圈／方	5.2×5.2×H4cm	
	萊利歐870鹽罐	H6.1cm	供使用者斟酌使用，通常為二孔。
	萊利歐870胡椒罐／3孔	H6.1cm	供使用者斟酌使用，通常為三孔。
	雙耳巧克力爐（含叉子4支）	§12cm	瑞士鍋。可煮巧克力或起司，下方搭配蠟燭座可供保溫用，避免起司或巧克力冷卻硬化。
	巧克力火鍋（小，附6支叉）	§15.5cm	

商品	名稱	規格	說明
	大同新夢瓷小奶盅	L7cm／50cc	個人式小奶盅，於客人使用咖啡、茶時搭配使用。另外也可用於裝楓糖、蜂蜜或煉乳，搭配鬆餅使用。
	無國度長方蛋糕盤／小	295×130×H15mm	可用於擺設甜點百匯，供多位使用者共享。
	玻璃暖茶座／一屋窯	D12.8×H7.5cm	燭火保溫式茶壺組，適用於咖啡簡餐店用以提供花草茶或果茶。
	小巧壺（藍、紅）	405cc.	
	玻璃桔茶壺（耐熱壺）	800cc.	
	保溫真空咖啡壺	2.0L	可用於盛裝各式飲料保溫，如咖啡或熱茶，或咖啡店早餐時段用於保溫鮮奶供客人自行取用，搭配咖啡或茶飲。
	M／玻璃／船型盤／中	W450×D167×H42mm	可用於擺放水果或冷食的造型餐盤。
	M／玻璃／長方盤+3小碟／組	W315×D160×H16mm	可用於擺放開胃小菜組合。
	無國度二格盤／小	×H42mm	
	無國度三格盤／中	284×94×H24mm	
	自壓式胡椒研磨器／銀	30×H150mm	可內置黑胡椒粒或海鹽，供使用者自行斟酌使用，因屬現磨使用，風味保存效果較好。

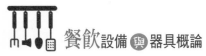
商品	名稱	規格	說明
	S/S歐式暖爐座／小	11.5×H6.5cm	可用於保溫熱飲，如美式咖啡。
	S/S直立式茶壺（附網）	600cc.	
	大同新夢瓷半月盤	29×16×H4cm	造型餐盤，可裝各式餐點。
	NLPA大圓匙	17.2cm（右一）	西式用餐個人匙具，依尺寸造型各有不同用途。
	NLPA點心圓匙	16.5cm（右二）	
	NLPA點心匙	17.3cm（中）	
	NLPA美式茶匙	15.2cm（左二）	
	NLPA咖啡匙	10.1cm（左一）	

二、中式餐具

商品	名稱	規格	說明
	大同新夢瓷腰盤／有邊	L31×W22.5×H3cm	屬於典型的中式橢圓形餐盤，造形設計簡單實用且具有多種尺寸，餐盤的深度淺，僅適用於湯汁不多的菜餚。
	大同新夢瓷腰盤／有邊	L28.5×W20.5×H3cm	
	大同新夢瓷腰盤／有邊	L20.5×W15×H2cm	
	大同新夢瓷腰盤／有邊	L23×W16.5×H2.5cm	
	大同新夢瓷腰盤／有邊	L25.5×H3cm	
	大同新夢瓷反口飯碗	§10.3×H5.6cm	碗口邊緣收尾處略為外翻，適用喝湯品或盛飯食用。
	大同新夢瓷港式飯碗	§11×H5.3cm／230cc.	功能相同，但港式造型碗口不外翻，體型較一般中式飯碗稍大。

商品	名稱	規格	說明
	大同新夢瓷水盤	∮17.5×H5cm	多用於中式的羹湯類菜餚，如髮菜羹或有多湯汁的燉肉類餐點。
	大同新夢瓷筷匙架	L9.3×W8×H1.8cm	中式餐廳常見擺於餐桌上，筷匙架可同時提供筷匙擺放用。
	大同新夢瓷湯匙	L13×W4.5cm	
	圓柄魚翅鍋，附蓋（黃黑）6號	18×4.5cm／350cc.	魚翅鍋具，單鍋柄方便拿取，為陶質餐具，有良好的保溫及聚熱效果。
	大同新夢瓷小湯碗	∮10×H5.2cm	與飯碗造型類似，但湯碗尺寸略小。
	大同新夢瓷小菜碟	∮12.1×H2.2cm	中式餐廳多用於盛裝小菜供餐前用，或可用於當作骨盤。
	大同新夢瓷如意盅（身）	∮13.5cm／500cc.	中式湯品容器可用於燉湯品，有多種尺寸可選用，並有附蓋可以搭配使用。
	大同新夢瓷如意盅（蓋）	∮14.7cm	
	大同新夢瓷富貴盅（身）	∮17.5×9cm／1,100cc.	
	大同新夢瓷富貴盅（蓋）	∮19cm	
	大同新夢瓷大蓋碗（身）	∮25cm／1,700cc.	
	大同新夢瓷大蓋碗（蓋）	∮25×H12cm／1,700cc.	
	銅製木炭火鍋（含蓋、煙囱）／大	30×H46cm／6-8人份	傳統火鍋，常用於北方的酸菜白肉鍋，造型儉樸懷舊，採用木炭為燃燒原料，應用於空氣流通處以免發生危險。
	大同新夢瓷大湯匙	L23.5×W8.4cm	大湯匙屬於母匙，適合多人共用，並附有匙座碗。
	大同新夢瓷公匙座	∮10×H5cm	

商品	名稱	規格	說明
	大同新夢瓷圓淺湯盤	§32×H4cm	中式通用淺盤，亦可和太極深盤搭配使用墊於下方。
	無國度太極深盤／小	26×13×H4.1cm／底盤10"	造型特別，廣泛適用於中式桌菜的雙拼菜色，例如燒臘兩種肉品或是其他如烏魚子、海蜇皮等。
	大同白瓷三件（茶碗身）		中式茶杯組，使用時搭配杯蓋除可保溫外，飲用時可利用杯蓋撥除茶葉。
	大同新夢瓷佛跳牆（身／吉橘）	12.6×16cm／紅龍／竹花／松	中式湯盅，多用於燉煮湯品，如佛跳牆、人參雞等。
	大同新夢瓷卜罐	§15×H12cm／1,300cc.	
	大同新夢瓷醋瓶／圓	H10.2cm／110cc.	調味瓶組（醬油及烏醋），並附有牙籤罐及底盤。
	大同新夢瓷牙籤罐	§4×H5.3cm	
	大同新夢瓷醬油瓶／扁	H10.5cm／120cc.	
	大同新夢瓷調味瓶組底盤	P0165S	
	無國度長形腰盤	355×140×H30mm	長形腰盤，中餐用。
	S/S蟹夾		蟹殼夾有木柄或全支不鏽鋼製品，可用於夾破蝦蟹殼，方便取肉。
	港製木柄蟹鉗	L17.5cm	
	EBM18-8涮涮鍋瓦斯用	30cm／D300×200	不鏽鋼製，可直火燒煮，適用於瓦斯爐或電磁爐。

商品	名稱	規格	說明
	日製網杓	W7×17.5cm（右一）	屬於火鍋個人餐具，日製網杓網孔密亦可撈肉湯渣。
	S/S火鍋網（網型）	小（中）	
	S/S蚵網／黑柄（小）	6cm×L27cm（左一）	
	雙耳鴛鴦鍋（銅雙耳）訂製品	W26cm／S型	鍋身直徑26-32公分，可訂製。
	竹製魚漿盅附竹片	15cm	用於盛裝手工魚漿，竹片則用於將魚漿撥入火鍋中。
	S/S魚漿盅	中	
	日製迷你瓦斯爐	2.1kw／1,800kcal／h	可用於登山野營或室內烹煮用。
	大同新夢瓷暖壺座	11.7×6.5cm	燭火保溫式茶壺組（含暖壺座、茶壺及茶杯）。
	大同新夢瓷港式大茶壺	∮8.5×H8.7cm／700cc.	
	大同新夢瓷港式茶杯	W6.7×H6cm／厚	

三、外場餐具

商品	名稱	規格	說明
	托盤／美製止滑長方托盤	14"×18"（457×355mm）	為外場服務人員於整理顧客桌面時使用，通常搭配活動可摺式托盤架使用。良好的托盤在盤面及底部都有止滑的設計，避免意外發生。材質本身也必須有良好的耐熱度和耐洗度。每天可以接受多次進入洗碗機洗滌而不受損，摔落也不會有破損或缺角的情況產生。
	木置托盤架	78.7cm	

商品	名稱	規格	說明
	美製刀叉盒（咖啡）	單格	可用來分類收納刀叉餐具，放置於工作臺上，方便工作人員取用。
	美製玻璃起司罐	H15cm／355cc.	通常提供給客人自行斟酌使用，可搭配於披薩或義大利麵。
	進口保溫咖啡壺（亮面）	1,000cc.	造型美觀，可由服務人員帶至桌邊為用餐客人倒咖啡。
	木製旋轉調味罐	12"	內部置入黑胡椒粒，可由服務人員或客人自行使用，因屬現磨使用，對於風味保存的效果佳。
	多用途香檳開瓶器／黑色	L11cm	為典型的外場服務人員開酒及香檳或一般瓶蓋的工具，是外場服務人員隨身必備工具。近來雖有多種更省力或有效率的開酒器不斷被開發出來，但是多半需要兩手同時操作，對於以一手持瓶，僅用另一手來完成開瓶動作的服務員來說較不適合。因此這種最簡單傳統的開酒器能一直歷久不衰不被淘汰。
	日製SW服務夾（大）	L230mm	由服務人員代為分菜或可用於夾取熱毛巾或濕巾，通常為不鏽鋼材質並且做過表面抗菌處理。
	日製SW匙叉盤／B邊（小）	185×110×H25mm	

商品	名稱	規格	說明
	日製SW玻璃醋油瓶	H160mm	一組兩瓶，通常裝入紅酒醋及橄欖油，搭配生菜沙拉或餐前的義式香料麵包使用。
	日製SW冷水壺連座／維型（附冰隔）	1,600cc.	服務人員為客人倒冰水或其他飲料用，壺嘴後方附有隔冰板，可以避免過大的冰塊掉落杯中。
	酒瓶架	250×220×85mm	可放置酒瓶作陳列擺設或是客人開酒後放置於桌上，傾斜的擺放角度有助加大酒與空氣接觸的面積以幫助醒酒。平常未開瓶時作擺放，傾斜的角度也有助於內部酒液能夠浸潤軟木塞，避免木塞乾裂造成空氣進入瓶中破壞酒質。
	玻璃纖維咖啡壺	64oz	用於保溫咖啡、茶飲，可於自助餐廳由客人取用或餐廳工作站內由工作人員使用。
	美製咖啡保溫器	110V／18×26×H6cm	
	葡萄酒開瓶器		開葡萄酒用器具，使用時先旋轉上方圓孔使下方鑽子能鑽入軟木塞，同時兩邊把柄會隨之上揚。再以兩手將兩邊把柄下壓，軟木塞即會同時被拉出。此款開酒器效率高但需兩手操作，較適用於吧檯內部使用。
	玻璃製3孔菸灰缸	4 1/4"	一般香菸用菸灰缸，不適用於雪茄。

商品	名稱	規格	說明
	日製SW圓托盤(B)	12"	外場服務人員上菜或整理桌面用托盤，通常盤面及底部具有防滑效果，避免餐具或杯具容易打翻。
	托盤／美製止滑托盤	14"／雙面／圓（黑、咖啡色）	
	日製SHIMBI酒瓶掛牌／紅	44×59mm	酒瓶掛牌可用於標寫售價或寄酒存放填寫相關資訊。選購時可考慮材質及設計，有些可具有重複使用性。
	飲料／冰水兩用壺	55oz	服務人員為客人倒飲水用，但無法過濾冰塊。
		67oz	
	造型蠟燭杯	H14"	為一個中空的造型玻璃管，可用於罩住燭台蠟燭，有助餐廳氣氛營造。
	飲料保溫桶	5-15公升多種選擇	某些餐廳外場工作站內因礙於空間限制無法設置冷藏或保溫設備時，可以採用飲料保溫桶來提供熱茶或冰飲給客人。時下很多公司辦理會議時也會將會議的茶點外包給咖啡店或速食店。這種保溫性佳的飲料桶也是業者常用到的容器之一。

第五節　其他料理餐具及自助餐器皿的圖文說明

　　本節介紹一般五星級飯店所附設之中西合併式自助餐廳裡常見的器皿。除了一般冷食較簡單的餐盤之外，熱食部分則多半搭配保溫設備，例如酒精燈隔水加熱保溫，或是採用高熱能的燈具作保溫。此外，還會簡單介紹一些飲料及其他食物的容器。

　　至於其他料理的餐具，除了大家比較熟悉的日式餐具外，也針對近來頗受歡迎的韓式及南洋料理的餐具做簡單介紹。南洋料理的餐具多半造型較為複雜，盤緣多為鋸齒狀且具有藍白相間的花色，但是因為收放洗滌容易破損缺角，國內的南洋料理餐廳已經少見採用南洋傳統的餐具，而改用一般臺式的白色餐盤作替代，甚為可惜！

商品	名稱	規格	說明
	石頭碗用木底盤	18cm石頭碗用	用於韓國料理石鍋拌飯，藉由高溫烤熱的石碗將米飯煮得稍有硬度且具焦香感，石鍋本身同時具有良好的保溫性。底盤則搭配使用，通常為木質並且可耐受石鍋的熱度。
	石頭碗+石頭蓋+底盤	15cm（石鍋內徑13cm）	
	S/S魚盤酒精爐底座	12"	通用於中式或泰式的蒸魚料理，可搭配底座附酒精膏加熱保溫。
	黃金魚盤	12"	
	日製磨缸／織部3.2號	10×H4cm	日式料理供客人自行研磨芝麻後倒入芝麻醬。近年新竹、苗栗一帶的臺灣客家村落，也開設許多有提供擂茶的休憩場所、農場或餐廳，也多有利用此磨缸來讓遊客DIY體驗擂茶的樂趣。
	研磨木棒	12cm	
	泰式錫飯鍋	20cm	南洋料理餐廳通常以桌為單位，會主動提供一個裝滿白飯的泰式錫飯鍋於餐桌上，讓客人自行添飯。
	泰式錫飯瓢	厚	

商品	名稱	規格	說明
	泰式錫冷水壺	13cm	南洋料理餐廳常見服務人員用來為客人倒水。
	泰式錫杯	小	南洋料理餐廳客用水杯。
	各式造型泰式餐盤（碗）		泰式餐具多為藍白花紋，邊緣為鋸齒狀，有各式造型，如圓、長方、正方或多角形。圖中長盤多用來盛放無湯汁的菜餚，例如泰國料理中的香蘭葉雞、月亮蝦餅等，一般熱炒類的菜餚則習慣搭配圓盤，而湯碗類型的餐具則用來裝湯類（例如酸辣海鮮湯）或湯汁較多的菜餚（例如咖哩口味菜餚）。

商品	名稱	規格	說明
	日製便當盒（貝殼花）	27×22×6cm	日式定食便當專用餐盒，材質通常為美耐皿所製成，外型則多有仿漆器的效果。
	天然貝殼	15-17cm	通常用來盛裝生冷食物或開胃小菜。
	木製壽司盛台（低）	27×18×H2.8cm	日式餐廳用來盛裝握壽司的木質盤具，外型有點類似一般木質砧板。
	日製爐子（6號）	18×18×H12cm	用於小型的燒肉料理。
	日製爐網（中）	15×15cm	
	日製三島陶板鍋（8號）		用於日式料理，陶板具良好的保溫作用。
	REVOL/MIN雙耳圓碟（黃）	7cm	各種造型小碟，為個人用的佐料醬碟。
	M/PIC佐料碟／茄狀	W105×D77×H18mm	
	M/PIC佐料碟／貝狀	W115×D67×H18mm	
	M/PIC佐料碟／兩格	W111×D85×H28mm	
	無國度色釉綠／葉形盤／特小	130×80×H30mm24	

商品號碼	名稱	規格	說明
	紙火鍋鐵絲網架	16×H4cm	日式紙火鍋，用來協助支撐紙鍋的鐵網。
	美耐皿（紅黑）手捲座／3孔	3孔（紅黑、綠黑雙色）	用來立放日式手捲，通常最少的是兩孔，多則有七孔。
	日製鰻盒（金色內紅）	13×16cm	鰻魚飯用餐盒。
	竹製柑簍	內徑19.5cm	用來盛裝日式涼麵。
	竹製涼麵竹片（方形）	17.5×17.5cm	
	竹製壽司捲	27×27cm	日本料理師父用來捲壽司捲的工具，先將海苔平放在壽司竹捲上，再放上壽司飯及配料捲成壽司。
	托盤／方形日式漆器／黑底紅邊	L240×W240×H17mm	日式托盤用途頗為廣泛，不論是端茶或是上菜都可以利用。與西式托盤最大的不同在於服務的方式，日式托盤多用兩手端取放置在客人桌上後，再逐一將托盤內的餐點取出放在客人桌上。
	漆器長方托盤／紅、綠色	17×30cm	

商品	名稱	規格	說明
	木製毛巾盤（黑蘭）	18×6cm	用來置放熱毛巾給客人使用。
	漆器毛巾盤（PP樹脂矽膠）	18×5.5cm	
	漆器毛巾盤	15×5.5cm	
	原木碗（內紅色）	11cm	日式飯碗。
	日製圓缽	4吋／12cm	日式飯碗，或可用於盛裝小菜。
	耐熱砂鍋／蓋（大同窯5號）		可用以盛裝陶鍋飯或其他菜式。
	耐熱砂鍋／身（大同窯5號）		
	美耐皿（紅黑）吸物碗／身	10×6.8cm	個人用湯碗。
	美耐皿（紅黑）吸物碗／蓋	9.2×3cm	
	M/Amb佐料盤（黑）	W165×D88×H21mm	用於日系懷石料理盛裝小菜。
	M/Amb長葉盤／小（黑）	W290×D34×H10mm	
	M/Amb船型盤／小（黑）	W292×D60×H42mm	
	M/Amb組合式長方盤（白）	W189×D67×H20mm	
	M/Amb葉型盤／大（黑）	W265×125×H15mm	
	陶製／雲海天目8"日式三格盤	8"/19.5×8×H2.5cm	
	柳葉型長盤		

商品	名稱	規格	說明
	M/Amb深型碗／小（黑）	§140×H70mm	日式碗。
	美耐皿拉麵碗（紅、黑）	11.25"	日式拉麵用。
	無國度色釉黑／流線飯碗	125×H50mm	日式造型飯碗。
	陶製／雲海天目3"湯吞杯	3"／D7.7×H8cm	日本一般茶杯，用法較不如天目杯來得拘謹，兼俱聞香的效果。
	陶製／雲海天目茶杯	W6.5×H6cm	天目茶碗起源於中國宋代，又稱「藏色天目」。內斂的色彩在自然的光線下，愈顯得耀動，其立體多層次的變化，有如宇宙天象的自然色彩，是日式正統茶道的杯具。
	保溫爐座／木底座	§15×H8.5cm	日式湯品保溫組，也可以用來盛裝關東煮或小份的湯品。
	田舍鍋／鋁製／黑	18cm	
	M/Amb正方形波浪盤（黑）／小	19×19×H2.6cm	日系懷石料理餐盤，盤子上有水波紋路，較具設計感。
	M／玻璃／長方盤+3小碟／組	W315×D160×H16mm	可用來放日式小菜。
	壓克力壽司桶／松樹花	7"／§210×H56mm	盛裝綜合壽司專用。

商品	名稱	規格	說明
	釜鍋鐵板爐組	40×20cm	用於盛裝日式烏龍麵，附有保溫爐搭配酒精膏使用。
	烏龍麵鍋酒精爐座（灶型／燒杉）	13cm×H5cm（鋁）	
	RPP／日式青瓷／清酒瓶	250cc.	盛裝日式清酒專用。
	RPP／日式青瓷／清酒杯	50cc.	清酒杯。
	木蓋碗組（蓋+碗+座）	D10.5×H8cm（黑／綠／淺綠3色）	日式碗組附蓋。
	四方盤／紅、黑、黃、綠	28×28×H5cm	日式餐盤。
	漆器海產船（豪華宴舟）	60×22.5cm	可用來盛裝大份量生魚片或其他生冷菜色。
	土瓶蒸壺杯組		土瓶蒸是一日式湯品的名稱，必須以茶壺盛裝，湯料有雞肉、菇類、蝦等。飲用時倒入杯中再以杯子喝湯，湯料則可直接從壺內夾取。使用前杯子可直接倒蓋於壺蓋上。
	壽司米桶	§26cm×H18cm	具良好的保溫效果，能吸收多餘的水氣，讓米粒香Q有彈性。

商品	名稱	規格	說明
	Hyperlux保溫鍋／附瓷內鍋／附腳	玻璃蓋／34cm (2.8L)／SS腳	多用於自助餐廳，盛裝湯品附保溫底座。內鍋放湯，外鍋放水，下方並以酒精燈作為熱源，隔水加熱保溫。
	義製PDN秀盤組（3件式）	D55×H30cm	盛裝麵包、馬芬、手工餅乾等多用途展示盤，附透明罩。
	泰製NIKKO蛋糕盤架組／3層	盤寬尺寸 19／21／25cm	典型英式下午茶用。由下至上放置三明治、英式Scone及蛋糕水果塔。
	義製PDN瓷盤附鐵架／橢圓	L44×W26.5cm	自助餐廳用以盛裝菜式的大橢圓盤。
	Hyperlux橢圓盤	20"／51×37cm	
	Zevro麥片桶／黑、白	單桶（麥片桶容量1,700cc.）／H41cm	麥片桶，多用於飯店之自助式早餐，盛裝麥片或玉米片讓客人自行取用，搭配鮮奶、水果等。
	Hyperlux牛奶分配器	5L/SS水龍頭、SS腳	多用於自助早餐盛裝冷鮮奶、豆漿或果汁用。

商品	名稱	規格	說明
	義製PDN木製展示櫃	63×41×H23cm	多用於自助餐廳置放麵包或起司。
	日製SW長方盤(B)	16"	多用於自助餐廳置放冷食、小點心或水果。
	UK長方托盤(B)	14"	
	M/Gra角型深碗／大	350×340×H175mm	多用於自助餐廳盛裝冷食或生菜沙拉。
	M/BOLO骨瓷斜口碗／加大	D190×H160mm	
	M/BOLO骨瓷斜口碗／大	D160×H140mm	
	美製沙拉桶	2.7QT／165×170mm	多用以存放沙拉醬讓客人自行選用。
	美製塑膠沙拉夾（米色、黑）	9"	多用於夾取生菜沙拉或其他冷食。
	美製塑膠沙拉杓／透明、黑、米色	10"	用於舀取沙拉醬用。
	美製塑膠撈麵杓	9"（米白、紅）	用於舀取義大利麵條用。
	REVOL/PRO橄欖油瓶（大）／白彩	9×H30cm／750cc.	盛裝橄欖油，讓客人自行搭配沙拉或義式香料麵包。
	REVOL/PRO橄欖油瓶（大）／黃彩	9×H30cm／750cc.	

商品	名稱	規格	說明
	圓形玻璃色玻璃缽	300mm	多用於盛裝生菜沙拉，也可以當作雞尾酒缸用。
	長方形保溫鍋	74×46×H41cm／9L	多用於自助餐廳盛裝各類熱食。容器為兩層，外鍋裝熱水內鍋則為食物容器。下方需再搭配酒精膏，以提高隔水加熱時的保溫效能。
	圓形保溫鍋	51.5×51.5×H48.5cm／9L	
	牛排保溫燈	250W／220V	多用於自助餐廳烘烤牛肉保溫用。
	保溫湯鍋	10L	以插電為熱能來源，多用於自助餐廳湯品保溫用，或一般餐廳廚房預煮好當日例湯保溫用。
	不鏽鋼果汁分配器（單槽）	W27×H56×D22cm	多用於自助餐廳盛裝果汁或其他軟性飲料。
	不鏽鋼果汁分配器（雙槽）	W57×H56×D22cm	

商品	名稱	規格	說明
	不鏽鋼果汁分配器（三槽）	W83×H56×D22cm	多用於自助餐廳盛裝果汁或其他軟性飲料。
	日製SW蛋糕夾	L210mm	剪刀造型，方便取用蛋糕的客人自行夾取，夾頭採大面積設計，較不易將蛋糕夾破。
	保溫壺	1,500cc.	可保冰或保溫用，用以保存牛奶、豆漿或飲水用。在自助餐廳或咖啡廳也可存放牛奶讓客人自行斟酌使用。
	蒸籠保溫座	§10"	適用於港式點心、各式湯包、饅頭等需富含水氣的保溫食品，蒸籠可自行斟酌層數，但因下方採用酒精燈作為熱源隔水加熱保溫，效果不如瓦斯爐，不建議擺放超過三層蒸籠，以免影響保溫品質。

第六節　各類材質器皿的清潔保養維護

一、洗滌工作

　　餐務工作除了對餐具器皿做好保管儲存、定期盤點，讓這些生財器具能夠受到良好的管理之外，清潔保養的工作也是餐務管理很重要的一環。現今的餐廳多數都已具備機械式的洗滌設備，講究一點的餐廳甚至連吧檯都裝設有洗杯機，讓洗滌工作能夠更臻順暢。這種將杯具和餐具分開洗滌的最大好處是把油膩的餐具和幾乎不油膩的杯具分送到兩台洗滌設備，能讓效率提升。萬一其中一台設備故障時，也能相互依賴讓餐廳運作不受影響。

　　洗滌工作要能順暢除了洗滌設備的引進之外，採購周邊的配件工具也是必須的。這些周邊配件工具能夠讓洗滌工作更加有效率，讓洗滌機的運轉能量更大，同時也更節省水、電、清潔藥劑的消耗使用。此外，曾經有人粗略統計過餐廳的破損發生，有八成左右是在廚房的洗滌區發生的。因此想要大幅降低破損的情況，適度的採購洗滌周邊配件工具，是非常值得的投資！這些配件工具包含了各種不同款式用途的洗滌框／架、不同深度尺寸的洗滌杯架、餐具洗滌插筒，以及洗滌完之後用來存放餐盤的盤碟車（見**圖2-4**至**圖2-7**）。

圖2-4　豎盤架

圖2-5　標準凱姆架

圖2-6　8格半號平餐具籃　　　　　　圖2-7　盤碟車

　　以目前多數的餐飲業者現況來說，甚少有開辦初期就自購洗滌設備的案例，多數的情況是採分期租賃採購（Lease to Own）的方式，係利用分期（通常是二十四或三十六期）每月定額的方式向廠商租用洗滌設備，在分期的期間內廠商必須免費擔負起每月檢點保養的工作，如有故障也由廠商免費修繕維護，直到分期付款的期間結束為止。這段期間洗滌設備的所有權仍屬廠商所有，而非餐廳業者。當然，在分期的這段期間內洗滌設備所需的洗滌藥劑、乾精都必須由餐廳業者向提供機器的廠商購買。

　　就洗滌的工作而言，主要的步驟有以下幾項：

(一)髒盤收集

　　在餐廳外場，顧客用完餐點後由服務人員將用過的餐具收回至外場的工作站上，或是置放於服務人員的推車上，是洗滌工作的第一前置步驟。在這個階段，礙於工作空間上的不足，以及避免過度噪音的產生，服務人員僅能簡略地將玻璃器皿、餐盤、餐具做非常簡單的分類，然後盡快送進洗滌區。

(二)殘渣廚餘處理

　　服務人員將餐具廚餘送進洗滌區後，應迅速將餐盤餐具、廚餘、一

般垃圾,以及資源回收垃圾,如紙張、空玻璃瓶、塑膠瓶等做分門別類的放置。由於現今的環保法規日趨嚴謹,業者對於環保意識概念也逐漸落實,在這個動作上必須格外謹慎看待。此外,將餐盤上的廚餘倒刮得愈乾淨,對於之後的沖洗動作也就愈輕鬆,洗滌設備的負荷也愈小。

(三)餐具分類

確實執行餐具分類的動作對於後續的洗滌效果有絕對的助益。一來可以在洗滌後節省人力在餐具的分類上;二來相同規格的餐具堆疊在一起也能讓洗滌區的工作臺上不會凌亂堆疊,較不容易發生倒塌摔落破損的情況。

(四)初步浸泡

對於刀叉匙這類的餐具,初步的浸泡是必須的。當餐具被送進洗滌區後,可以將刀叉匙分門別類的浸泡在不同的收集桶內。浸泡的好處是避免廚餘或醬汁因為乾燥而變得不易清洗,尤其是菜泥(例如馬鈴薯泥)、果泥(粒)、飯粒、義大利麵條等物乾燥後往往變得堅硬不易脫落,在被送進洗滌機內短短的數十秒內是無法被洗除掉的。

預先的浸泡可以讓餐具及早脫離各種不同酸鹼值的食物,有助於延長餐具的使用壽命。適度添加洗潔劑在浸泡液中能有不錯的效果,就算是中性的洗滌劑,甚至是單純的溫水浸泡,都是有幫助的。

(五)餐具裝架

在開始著手洗滌時,洗滌人員會選用適當的洗滌配件來幫助得到更好的洗滌效果。例如不同尺寸的餐盤選用不同的洗滌架;杯具則是早在被送進洗滌區時就已倒掉剩餘的杯中飲料,然後直接放入專屬的洗滌杯架中,避免碰撞破損;刀叉匙則是在著手進行洗滌時,將預先浸泡的餐具取出放入洗滌筒內。這些動作都會對稍後的沖洗和洗滌工作有不少的幫助。

(六)沖洗

　　沖洗的最大目的是將先前第二個「殘渣廚餘處理」的動作再做補強。洗滌設備的規劃會在進洗滌機前配備一個水槽，水槽上方附有不鏽鋼架，扮演類似橋樑的角色，讓洗滌架能夠直接擺在水槽上方然後利用高壓水柱噴槍沖掉殘餘的小菜渣、湯／醬汁，以及多餘的油脂。通過完整沖洗的餐具在進入洗滌設備前，其實已經完成約70%的洗滌動作，只剩下薄薄的油膜還附著在餐具器皿上而已。先前提到必須使用適當的洗滌架，並將相同規格的餐盤上架，如此能使盤子之間有適當的間距。此外，水壓是否足夠扮演著沖洗動作能否被確實完成的重要因素。如有必要，建議加裝加壓馬達，以提升噴槍出水的水壓，若提供熱水水源，對於沖洗效果也是有幫助的。

(七)洗滌

　　洗滌的時間只有短短的數十秒。洗滌機則分為履帶式及封閉式兩種，履帶式洗滌機只要人員輕推洗滌架進入機器，自然會被履帶扣上並且逐步往前進，然後由另一端被送出。封閉式則是由人員將洗滌架推入機器後關上機門，於設定的時間內完成洗滌工作，再由人員把洗滌架取出。

　　洗滌機的運作大致是利用機內的上下多個噴頭，對著餐具噴射循環水及清潔劑，接著噴射乾淨的熱水進行沖洗，最後再噴上融入乾精的熱水後隨即完成。機器的動作秒數、水溫、水壓直接影響洗滌效果，有了足夠的高溫便能讓乾精迅速將水分拔除蒸發，讓餐具能迅速洗得既乾且淨（參見第九章第四節）。

(八)卸架

　　卸架的動作就整個洗滌的程序上來講，最需要注意的是維持清潔衛生。因為餐具到了這個階段已經完成洗滌工作，必須確保不再受到污染，對洗滌人員本身的衛生要求自然提高許多，建議將洗滌人員區分，

避免由同一個人操作洗滌前與洗滌後的工作。再者,卸架也是一個驗收的過程。在卸架的過程中,操作人員有責任檢查餐具是否洗滌乾淨,注意不要在完成洗滌工作後就急著卸架,必須稍稍等待數十秒鐘讓乾精完成拔水蒸發的動作,必要時仍須以乾淨且不掉棉絮的布巾擦拭。

(九)存放

洗「乾」「淨」的餐具接下來就是要移到指定的存放位置。這時要注意的是存放位置的挑選。例如有些用來盛裝甜點的餐盤必須要放置在冷藏或冷凍櫃中預冷,此時就得先讓餐盤在室溫中冷卻,於降溫後再移入冷藏或冷凍,避免溫度急速變化造成餐盤破裂。有些需要預熱的主菜餐盤則可以直接移入餐盤保溫櫃中擺放;而對於室溫存放的餐盤則可以選購盤碟車來存放,既有效率又安全。餐盤存放的位置應避免過高,如果要放在層板上則必須考慮層板的耐重負荷度、通風性、擺放高度、動線安全與否。此外,基於衛生觀念,適度的防蟲鼠設計是必須的。

二、不同材質餐具的注意事項

每種材質都有自己的物理特性,如對於溫度變化的忍受度、耐摔度等。餐務人員應該在操作洗滌保養的時候,留意避免破損,並且讓餐具器皿保持在最佳狀態。

(一)玻璃、水晶玻璃餐具

使用玻璃、水晶玻璃餐具時的注意事項簡述如下:

1.避免碰撞破裂:玻璃杯具器皿最致命的就是受到碰撞。不論是同質碰撞或異質碰撞,其破損均有可能造成人員受傷,而且破碎的玻璃碎片不易掃除,容易造成二次傷害。要想避免破損除了先前提到的善用杯架存放,或是在吧檯區規劃置放倒吊的吊杯架(見圖2-8)

圖2-8　吊杯架

之外，唯有「小心」一途。其他例如避免溫差劇烈變化（用熱杯裝冰塊或冰水）、避免使用金屬冰鏟、禁止以杯子取代冰鏟舀冰塊等等，都是可以避免碰撞破裂的好方法。

2.避免二次污染：對於餐具所產生的顧客抱怨，最為人詬病也最常發生的就是水杯上有指紋甚至口紅印。玻璃因為本身材質的關係必須保持乾淨明亮，但是也因為材質本身的透光率高、透視率佳，一點點的指紋往往會被看得很清楚，更別說是口紅印了。要避免口紅印存留在杯口，必須仰賴洗滌人員的把關，服務人員在使用前應作再次的確認。指紋往往是洗滌乾淨後又被二度污染所造成的。主管可以透過不斷的宣導，加強持續的教育訓練及觀念的導正，讓工作人員利用正確拿取杯子的方式來避免指紋的產生（見圖2-9）。

3.定期保養保持潔亮：玻璃杯具在日積月累的使用下會產生玻璃表面霧化及刮損的情況。對於刮損，只能避免不必要的碰撞，並且選擇適合的洗杯刷來因應，只是表面霧化的產生是無法避免的，除了可能是硬水水質遇熱鈣化所產生，也有可能是食物中的蛋白質與清潔劑混合所造成的殘留物。此時，可以透過專用的清潔劑浸泡，再加

正確的取杯法應以杯莖為拿取的位置。

(a)正確的取杯法

杯子不論客人使用過與否，基於安全及衛生的考量都不可以將手伸進杯內抓取杯子。

(b)錯誤的取杯法

圖2-9 避免產生指紋的取杯法

強洗滌擦拭就可解決。

4.選用棉質且不脫絮的布巾擦拭：選用清潔而且已經預洗過幾次的棉
　布來擦拭杯子，使之明亮。要留意棉質的布巾是否有脫絮的現象，
　以免杯子殘留棉絮反而留給客人壞印象。

5.玻璃杯具的擦拭：正確的玻璃杯具擦拭步驟請見圖2-10。

(二)不鏽鋼餐具

　　不鏽鋼餐具雖然耐用，但是也會隨著使用時間的增長而有霧化及斑
點的情況，而且多半無法改善只能報廢。平常洗滌不鏽鋼餐具時除了如
前述要預先浸泡方便洗淨之外，減少與食物接觸的時間可以有效避免餐
具氧化。

　　此外，在刀叉匙這些不鏽鋼餐具完成浸泡要進入洗滌過程之前，
應先放入專用的洗滌桶中再一起進入洗滌機進行洗滌。此時要留意的是

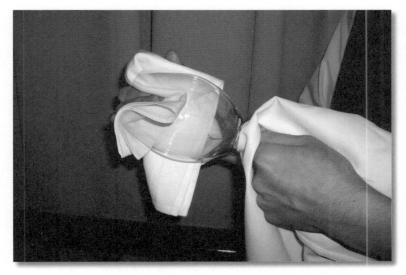

步驟一　以左手隔著乾淨的布抓住杯莖，右手拿另一條乾淨的布擦拭杯身內外。

圖2-10　玻璃杯具的擦拭步驟示意圖

步驟二　再將布塞進杯內擦拭內部及底部。

步驟三　最後再將杯座也擦拭乾淨。

（續）圖2-10　玻璃杯具的擦拭步驟示意圖

避免過度擁擠。塞了過多的餐具到洗滌桶中只會影響洗滌的效果，並要避免將同一類型的不鏽鋼餐具放入同一個洗滌桶中，而應該將刀、叉、匙混合放入洗滌桶，才能避免因為規格形狀一致而緊密疊在一起，反而降低洗滌的效果。洗滌後應迅速擦拭乾淨避免水痕附著，然後再進行分類，擺在專屬的餐具盒內備用。

(三)銀質餐具

正常的銀質餐具隨著日常的使用會有氧化的情況發生，產生表面變黃、色澤暗沉甚至生鏽等情形。銀質餐具的保養方法通常有以下兩種：

1. 浸泡還原：選擇一個容器並且在底部鋪設錫箔紙，讓錫箔紙較霧的那一面朝上，光亮的另一面朝下。接著放入要浸泡還原的銀質餐具，倒入溶有碳酸氫鈉（洗滌設備廠商均有兼售）的熱水中，然後在溶劑水面上再放上另一張錫箔紙。讓錫箔紙的霧面朝下、亮面朝上，即使用的上下二張錫箔紙皆須讓霧面朝向餐具，經由化學反應後，餐具上的殘留污物或鏽片脫落，會附著到錫箔紙上。但是必須留意浸泡時間的長短，時間以三十分鐘為宜，以避免餐具本身材質受損。
2. 機器拋光：拋光機（Burnisher）是一台裝有約十公斤不鏽鋼小鋼珠的機器，鋼珠大小僅約〇‧二公分（見圖2-11），下方另有一個具有循環功能的盛水容器（見圖2-12）。使用前應補足清水，加入專用的氧化還原藥劑，開啟電源後鋼珠會不斷地滾動。此時可依機器大小規格分批放入適量的銀質餐具，約五至十分鐘後就能將餐具表面淺層的刮痕去除，形成亮潔的外表，拋光機是非常實用的機器。

(四)銅質餐具

銅質鍋具應避免長時間存放酸或鹼性的食物，清洗時可以人工使用海綿洗滌，再用乾布擦拭乾淨存放在乾燥的地方，避免過度受潮而產

圖2-11　拋光機與其內置的小鋼珠

生銅綠（為銅器表面經二氧化碳或醋酸作用後所生成的綠色鏽衣）；此外，尚應避免進入洗滌機中接受其他化學藥劑接觸。鍋具如果附有焦著的食物殘渣時，應該要先浸泡熱水待軟化後再洗除，避免用尖銳物品刮除，以免損及鍋具表面。

圖2-12　拋光機下方具循環功能的盛水容器

　　鍋身如有變色情形，可以用沾有醋的布巾擦拭後靜置約一個小時，再以清水沖洗拭淨即可。如有銅綠產生則可以用鹽和等量的醋混合溶解後，再以布巾沾溶液擦拭使其恢復光澤，接著再以清水沖洗後擦拭乾淨即可。

　　銅鍋的內鍋通常鍍有一層錫，經常性使用難免有鍍錫脫落的現象產生，容易在脫落處產生銅綠，此時要勤於保養以保持光澤，但無需擔心銅綠產生中毒的情況，依據日本厚生省於昭和五十九年的研究指出，銅綠可以經由人體自然排出，並且是無害的。（俊欣行官網）

(五)陶瓷、骨瓷餐具

　　陶瓷類餐具相較於銅具或銀器，除了基礎的洗滌和正確的存放外，並無其他保養的細節。唯一要注意的是，有些陶瓷餐具並未完全釉化（Glaze），因此在盤底柱的部位仍會保留原始素陶的粗糙表面。有些餐

具廠商會為這些粗糙表面作簡單的光滑處理（Polished）使市場接受度提高。若是盤底柱未經過釉化或光滑處理，堆疊盤子時下方的盤子就很可能會被上方餐盤粗糙的盤底柱所刮傷。

三、搬運餐盤及擦拭餐具的注意事項與動作

搬運餐盤及擦拭餐具的注意事項與動作如圖2-13、2-14所示。

雙手隔著乾淨的口布拿起適量的餐盤，既可避免洗淨的盤子遭受污染，也可避免因為拿取剛洗淨尚未降溫的盤子而燙傷手部。

圖2-13　搬運餐盤的方式

步驟一　先將洗好的刀叉分類，將同類的餐具放在乾淨的口布上。

步驟二　以左手隔著口布一把抓起餐具下端。

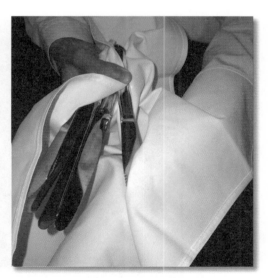

步驟三　再以右手隔著口布逐一擦拭餐具。

圖2-14　餐具擦拭的步驟示意圖

步驟四　擦拭好之後順勢滑入乾淨的餐具盒內。

步驟五　餐具盒內應分類放置不同款式的餐具備用。

（續）圖2-14　餐具擦拭的步驟示意圖

Chapter 3

點心烘焙房設備與器具概述

第一節　前言

　　相較於一般的餐廳廚房，烘焙或點心廚房對一般人而言會稍微陌生一些。多數的時候，我們頂多從生活圈裡連鎖咖啡店（例如85℃等）的門市櫃檯，或是在住家附近的傳統麵包店往內窺看可以看見前店後廠的格局，擺放著烤箱或是一台台放置烤盤的推車。其實，這些多半只是烘焙廚房。專業的點心廚房或飯店裡的巧克力房在設施和規劃上又和烘焙麵包用的廚房有些微的差異。在本章裡，筆者會為各位做些簡單的介紹，好對點心及烘焙廚房的差異有較清楚的認識；另外，本章也會針對點心房裡的各項常用器具做一些介紹。

第二節　空間與動線規劃

一、空間規劃要點與座落位置

　　一般來說一個稍具規模的餐廳在後場的建置上，會因為有甜點和麵包的製作而另外配置專屬的廚房。雖然不見得會有實體的隔間牆來做區分，但是在空間領域上會有明顯的劃分。縱然空間上有區隔，大致上仍會共用部分設備，例如烤箱、冷凍冷藏庫、洗滌設備甚至乾貨儲存空間。理想的狀態則是能有實體的隔間牆做分隔，這麼做的好處是能隔絕油煙、獨享專屬的空間領域和空調，讓整體的工作環境品質更佳。一般來說，如果沒有實體隔間，至少要在空間上做區分。此外，在空調的規劃上也應該安排冷氣的出風由烘焙點心房開始，然後透過迴風與排煙系統從廚房區域導出，讓烘焙點心房是氣流的上游，維持空氣的品質和溫度。至於空間領域的規劃上，也常將乾貨倉儲空間規劃在烘焙點心房和廚房的中間，如此區隔一來是動線清楚，二來有利雙方工作人員取貨。

二、圖面介紹與說明

在本段落中，我們將透過一張專業且大規模的烘焙廠房設計圖（見圖3-1）來說明烘焙廚房的正確動線規劃，讓讀者能夠透過這專業的大型烘焙廠來瞭解基本的烘焙廚房概念。**圖3-1**是一張一千五百坪的烘焙廠房專業設計平面圖，從圖面來看整個生產動線大致呈ㄈ字形進行，依據不同的製作工序進入不同的空間，最後產製成成品後進行出貨離開廠房。

1. 首先，人員進入廠房進行更衣著裝、清潔消毒後進入廠房。而同時**乾貨倉**的物料及**麵粉倉**的麵粉也和人員同樣進入**秤粉區**。此空間同時具有麵粉過篩與秤重設備，讓麵粉進入備用的狀態。

2. 過篩後的麵粉進入到生產線上的第二程序區域為**分割整型區**，此區主要的功能是將麵粉進行和水、攪拌、壓麵、揉製、整型等工序。因為本案是大型工廠，所以在人力操作的比例上相對較低，且多半依賴大型的專業設備來進行這些工序。因此本區內的設備全數為冰水機、攪拌機、麵團切割機、麵團整型設備（雷恩機）。這個階段結束後隨即將成型的麵團移入**凍藏發酵室**或**前發酵室**中，進行冷凍、冷藏、發酵等程序。**圖3-1**中的凍藏發酵室為二門式單一動線設計，採一進一出的規劃以**確保先進先出原則**並且方便人員移送發酵好的麵團進入烘焙區。

3. 進入**烘焙區**之後，則可依照產品屬性，將麵團移入蒸氣烤箱、旋風烤箱、多層式烤箱等設備進行烘烤。同時可以依據烘烤的數量選擇一板、二板、四板、甚至六板的烤箱來進行大量烘焙以提高產能。

4. 完成烘焙的產品首先要**進行冷卻降溫定型程序**。通常這個程序只需要在正常的空調室溫下進行即可。但讀者可以發現在烘焙區進入**緩衝冷卻區**的交界處設置了二個門分別進入不同的空間。其中經由一百五十公分寬的門可以進入室溫緩衝冷卻區，而另外一個一百二十公分的門則是進入另一密閉空間，此處為**急速冷凍專區**。會送入此區的烘焙產品多半為整張完整的海綿蛋糕、戚風蛋糕，完

成冷凍程序後再進入冷凍庫存放備用，或銷售給一般烘焙店加工使用，製作蛋糕。

5. 在**圖3-1**的左下方另設置有**清洗區**，負責全廠器皿、攪拌盆、烤盤及各式工具器具的清洗，完成後再回歸到各區備用。此區的特色是水槽比一般廚房洗滌區的水槽大，而且深度也深許多，主要是因應烘焙廚房大烤盤、大攪拌盆等多為大尺寸器皿之洗滌所設計。

6. 在清洗區的右方另規劃有**常溫廚房**及**冷廚房**，並且各自配備有冷凍或冷藏庫、工作臺冰箱、水槽、層架等的基本設備之外，尚有電熱爐臺作一些拌炒、水煮、隔水加熱的製作工序。市面上常見的青蔥麵包、咖哩麵包、巧克力、明太子、肉鬆等口味麵包，都是經由這兩個廚房製作準備後，送入分割整型區注入餡料，或送至緩衝冷卻區進行面料擺放。

7. 製作好的烘焙產品在完成冷卻後即可移入**包裝區**進行包裝或裝箱裝籃的程序。因此包裝區的 設備不外乎工作臺、封口機、自動包裝機、日期打印機、標籤貼紙機等設備。完成此區的工序後，成品隨即可以移送至**出貨暫存區**等待後續的物流配送作業。

　　圖3-2則是一般我們街坊常見的咖啡烘焙店、麵包店的規模，礙於現場動線空間的侷限，無法有效規劃出專屬的工作區域，但大致看來也算是麻雀雖小五臟俱全。在臺灣，這種傳統的前店後廠式麵包店仍屬主流。店鋪前房除了麵包的展示、櫃檯的結帳及包裝之外，也可以導入咖啡設備兼賣咖啡茶飲甚至冰沙，如果空間有餘也可以在客人的選購區域內擺設透明展示冰箱，提供果汁、鮮奶等飲料給客人進行選購。

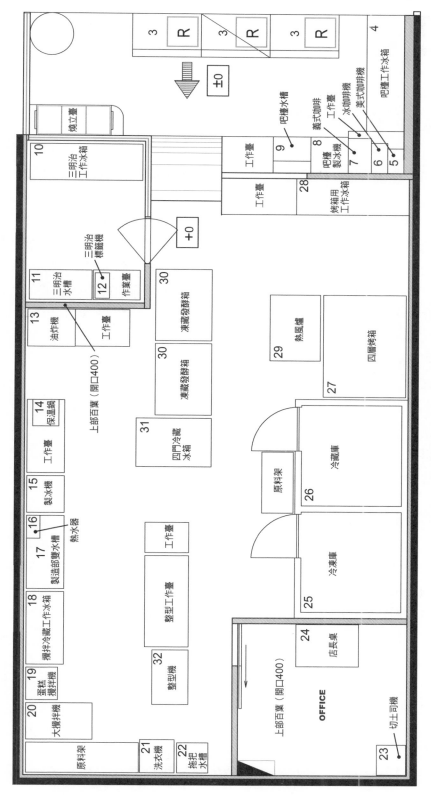

圖3-2 前店後廠的烘焙門市圖面說明

第三節 設施需求

一、空調設備規劃要點：針對產品屬性規劃合適的室內溫度

以烘焙廚房來說，依照烘焙廚房所主要生產的產品不同，溫度的需求比較多樣。一般而言麵包烘焙著重在麵團的揉製、整型、發酵後進烤箱前的塗抹蛋液、噴水、置放裝飾物等，這些都可以在正常的冷氣環境下操作，至於麵團發酵就會在有合適溫度的專業發酵箱裡面來完成；因此，室內溫度攝氏二十二至二十五度被認為是舒適的工作環境。

至於蛋糕的製作，多半可以在室溫之下操作，例如蛋糕麵糊的調製、戚風蛋糕烤好之後的切製整型、堆疊、塗抹鮮奶油、夾心餡料等，都沒有特別嚴格的室內溫度要求；這些和麵包烘焙一樣，在二十二至二十五度的室內環境下工作即可。相對於上述的蛋糕和麵包製作可以在正常室內溫度下進行，巧克力產品或是丹麥麵團產品的製作就得要求低溫了。因為巧克力容易軟化、丹麥麵團容易出油，這類的烘焙廚房通常會設定在十五度甚至十二度的環境下進行操作。

二、排風設備規劃要點：靠近熱源，提高效益

烘焙點心廚房不像一般廚房有煎煮炒炸的烹飪程序，油煙瀰漫的機會小了許多，因此烘焙廚房的排風設備重點在於排出室內廢氣、人體呼出的二氧化碳及烤箱產生的熱氣，搭配冷氣空調來進行室內的空氣對流，形成合宜舒適健康的工作環境。因此，排風設備內通常少了水洗設備和靜電設備，只是單純抽出室內空氣即可，頂多在排煙設備的末端加設活性碳設備，減少空氣的異味和油膩感，也因此排煙罩在設計之初就必須搭配烤箱（熱源）的位置來建置（見圖3-3），才能有效率的排出熱氣，冷氣出風口則盡可能在距離排煙罩較遠之處來形成空氣氣流的循環，並且盡量讓工作人員操作的區域能有更多的冷氣出風口。

圖3-3　排煙抽風罩

三、氣壓設計規劃要點：負氣壓

　　在氣壓的設計方面，烘焙廚房在設計之初就必須請設計廠商精準計算排氣量和冷氣的進氣量。排氣量太大會導致冷氣大量被抽走，徒增冷氣空調成本，反之排氣太少則會造成室內悶熱，空氣品質不佳。建議由空調廠商計算後，使烘焙廚房呈現微負氣壓的狀態，如此既能兼顧排氣（排熱），讓室內有良好的空氣和溫度品質，又不至於讓冷氣大量被排氣設備抽走形成浪費。更重要的是，呈現負壓狀態可以讓工作過程中的麵粉粉末能順著氣流被導引，進而透過排氣設備向外排放。因為烘焙廚房呈現正壓狀態，因此麵粉粉末可能會被吹向室內其他區域，造成清潔困擾，這種情形如果發生在一般前店後廠的烘焙麵包店，會造成門市櫥窗檯面有麵粉落塵的問題。

四、電力規劃要點：高電壓與多迴路

　　烘焙廚房和一般烹飪廚房的能源需求最大的不同就是瓦斯和電力的配比。烘焙廚房主要的設備有冷凍、冷藏冰箱、攪拌機、烤箱、發酵箱，幾乎都是電力設備，即使因為需要熬煮各式果漿糖漿，或熱熔巧克力等，也都屬於一般熱源，採用電熱爐就綽綽有餘，因此要在烘焙廚房做到全電零瓦斯設備的可行性是相當高的。

　　鑑於上述的說明，在設計建構烘焙廚房時就可以省略埋管配置瓦斯管線的工程和費用，取而代之的是高電壓的電力需求。建議在烘焙廚房裡有專屬的380V高壓電，再一一針對設備的電力規範需求，單獨拉線到所需的設備位置，並給予專屬的迴路，以維護電力安全和使用需求。為每一個大型電力設備配置單獨的迴路最重要的好處是，當設備進行維修時只要針對單一設備關掉電源迴路即可進行，不致於影響到其他設備的運作。

五、排水規劃要點：地面設計坡度提升排水及乾燥效率

　　廚房地板因為沖刷頻繁的緣故，對於壁面的防水措施和地面排水都要有審慎的規劃。一般來說，壁面的防水措施應以達三十公分為宜，如此可避免因為長期的水分滲透，導致壁面潮濕或樓面地板滲水等問題。

　　廚房的地面水平在鋪設時應考量到良好的排水性，通常往排水口或排水溝傾斜弧度約在1%（每一百公分長度傾斜一公分），而排水溝的設置距離牆壁須達三公尺，水溝與水溝間的間距為六公尺。因應設備的位置需求，排水溝位置若須調整，則須注意其地板坡度的修正，切勿因而導致排水不順暢。設備本身下方通常應有可調整水平的旋鈕，以因應地板傾斜的問題，讓設備仍能保持水平。

　　排水溝的寬度須達二十公分以上，深度需要十五公分以上，排水溝底部的坡度應在2%至4%之間。為了便利清潔排水溝，防止細小殘渣附著

殘留，水溝必須以不鏽鋼板材質一體成型的方式製作，並且讓底板與側板間的折角呈現圓弧狀。同時，排水溝的設計應盡量避免過度彎曲以免影響水流順暢度，排水口應設置防止蟲媒、老鼠的侵入以及食品菜渣流出的設施，例如濾網。排水溝末端須設置具有三段式過濾油脂及廢水處理功能的油脂截油槽，並要有防止逆流設備。一般而言，排水溝的設計多採開放式朝天溝，並搭配有溝蓋，以避免物品掉落溝中。（見圖3-4）

圖3-4　廚房水溝

第四節　烘焙及周邊重要設備

一、電子磅秤

在烘焙的領域裡，磅秤甚至更精密的電子秤絕對是首先用到的重要設備。在烘焙製作的過程中，糖、鹽、酵母、香草精等都是重要的材料，相對於麵粉和水的重量來說雖是極小比例的原料，但卻完全影響著成敗。因此有個精準的磅秤來確定這些關鍵原料的重量是非常重要的。現今的磅秤多半以電子數位的形式出現，除了精準也避免重量讀取時容易產生的錯誤。電子磅秤的另一個重要功能是具有扣重歸零的設計，操作者可以先將容器放在電子秤上然後歸零，隨後將所要秤重的原料放入容器內，就能輕易閱讀原料的淨重。

此外，單位的隨時切換也是電子磅秤的貼心設計，讓重量的單位能瞬間在公制（公斤、公克）、英制（磅、盎司）、臺制（斤、兩）間作切換呈現。烘焙廚房裡多半配置桌上型電子秤進行少量且精準的原料秤重，以及落地式的臺秤（見**圖3-5**）作為重物（如麵粉）的秤重使用。

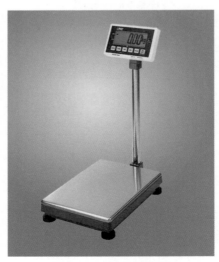

圖3-5　落地式臺秤

二、量水機

水量的多寡也是取決烘焙產品成敗的重要關鍵之一。將水源經過量水機再出水的最大好處就是能快速測量出水的重量。（見**圖3-6**）簡單的說就像是加油站裡的加油機，透過視窗隨時可以知道流出水量的多寡。小小一台和A4紙張大小相差無幾，裝設在水龍頭前卻能大大有助於操作人員的工作效益。

圖3-6　量水機

三、恆溫冰水機

在麵團製作時，為求麵團的品質穩定，掌握麵團溫度就成了重要的關鍵。而在揉打攪拌麵團的過程中，會致使麵團的溫度持續上升，尤其臺灣為亞熱帶海島型氣候，夏天高溫，濕度也高，對於揉麵團和發酵都具有挑戰性，因此多半時候都會以冰水來攪和麵粉製作麵團，以確保麵團能維持在二十八度以下。

為了顧及每日操作品質的穩定度，多數的烘焙廠都會配備恆溫冰水機（見**圖3-7**），以確保每日使用的冰水是處在固定的溫度，製作麵團時才能有穩定的烘焙品質。

圖3-7　恆溫冰水機

四、攪拌機

攪拌機的作用原理簡單，說穿了就是將麵粉、水、牛奶等相關所需食材放入攪拌機後，透過機器附掛的攪拌器和穩定的力道與速率，將原料確實的完成混合攪拌。避免人工因為氣力不足產生力道忽大忽小、攪拌速度忽快忽慢的狀況，對攪拌品質造成影響，同時也可以避免人體體溫影響麵團。攪拌機小至手提小家電款式供家庭主婦使用，或是桌上型攪拌盆（約三公升）供重度使用的小家庭或小型點心房，大至九十公升（麵團承載量約三十公斤）的落地型專業設備等，皆有不同。（見圖3-8）

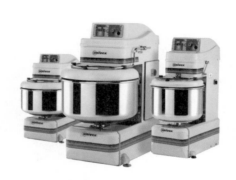

(a)封閉型落地攪拌機

(b)落地式攪拌機

(c)落地式攪拌機附拖曳式攪拌盆

圖3-8　攪拌機

　　這些攪拌機不論大小通常都具有計時器、不同的攪拌器和轉速，讓使用者方便選擇使用。落地型的攪拌機為了確保機器穩固，在機身上多採用鉛質當骨架，以增加機台本身重量（機身可重達四百公斤）；攪拌盆則多採用食用級三〇四不鏽鋼製作。為求安全建議落地型攪拌機一律請廠商打地樁直接固定在地板上，避免長期使用造成位移。

　　至於攪拌器，常見的款式有扁平狀攪拌器（見**圖3-9a**），適用於搗成泥糊狀的各種原料；球線狀攪拌器（見**圖3-9b**），適用於打發麵糊拌入空氣；以及勾狀攪拌器（見**圖3-9c**），適用於混合及揉捏麵團。

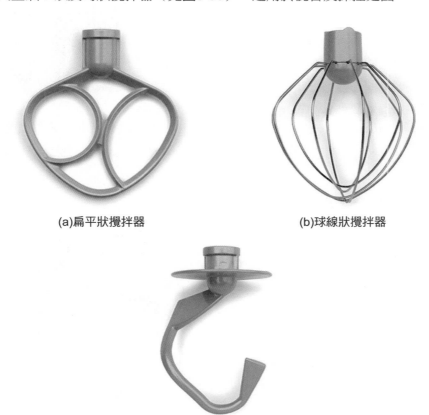

(a)扁平狀攪拌器　　　　　　　　　　(b)球線狀攪拌器

(c)勾狀攪拌器

圖3-9　攪拌器常見的款式

五、麵團分割搓圓成型機

　　讀者只要走一趟食品烘焙設備展，就會發現設備業者所精心打造出的各種先進設備不僅品質精良效率高，各種巧思設計也讓參觀者眼花撩亂。將攪拌完成的麵團置入麵團分割機後，就能夠依照所需的份量進行設定，讓機器代勞快速完成秤重、切割、搓圓，進而送出，使操作的人員能立即將搓圓好的麵團送進冷凍或發酵，進行下一個製程。這項設備與傳統師傅利用雙手同時搓揉各一球麵團相比，一般分割搓圓機可同時揉製三十顆，足足產生十五倍的效率差異；此外，尚有一些貼心的設計，方便機組拆卸清潔，對於食安的維護也功不可沒。（見圖3-10）

圖3-10　麵團分割滾圓機

六、法式麵包成型機

　　法式麵包成型機（見圖3-11）的作用原理和麵團分割搓圓成型機大致相同，主要的差異在於麵團的成型是長條狀。這類設備通常一次投入三公斤的麵團，讓機器自動秤重、分割、揉製成型。產能可高達每小時一千五百條法式麵包，而單條法式麵包的長度則可長達七十五公分。

圖3-11　法式麵包成型機

七、器皿清洗機

　　烘焙廚房和一般廚房相同，在生產作業的過程中自然會有許許多多的器皿工具在使用完畢後需要洗滌晾乾並歸位。而烘焙廚房的器皿和一般廚房器皿最大的差異在於規格的不同。烘焙廚房常見的烤盤、攪拌盆器材在形體上不同，再則因為經過高溫烘焙過程烤盤容易產生難洗的碳化物質附著於烤盤上，多半需要人工預先以鋼抓球手洗過，再進到機器完成清洗工作以提高清洗效果。

　　目前國外已經有廠商率先專為開發烘焙廚房的器皿所設計的專用洗滌機（見**圖3-12**），它的特色就是由傳統上拉開門改為正面側開或下開方便器皿擺入機器內，並且可以選購專屬洗滌架，針對不同的器皿烤盤做隨時的調整以達到最佳的清洗效果和清洗量。

圖3-12　Granuldisk洗滌機

　　這項設備另外有選配專屬推車，讓使用者先將待洗的器皿在推車上擺放好後再將推車推到清洗機前，連同洗滌架與待洗的器皿一併推入洗滌機內，作用原理類似堆高機將貨物推出倉儲貨架（見**圖3-13**）。這項設備最大的特色是在機器內放入了大量的小型藍色塑膠顆粒，在洗滌的過程中利用這些塑膠顆粒高速撞擊，把烤盤或器皿上的污漬、焦糖等碳化物徹底清除，以達到洗淨的目的。洗滌效果不但令人驚嘆，並且只需要傳統洗滌機所需水量的十分之一即可，是相當環保的設備，為國外最新開發的機型，目前國內尚無業者引進使用。（操作影片請參考**圖3-14**的QR Code連結）

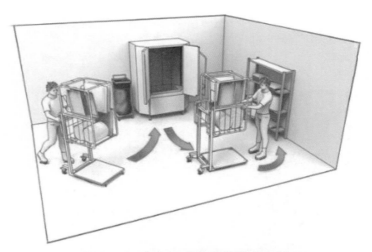

圖3-13　洗滌機選購專用推車示意圖

圖3-14　Granuldisk洗滌機操作影片介紹

八、壓麵機

　　壓麵機又稱丹麥整麵機（見圖3-15），是一台工作原理簡單、不昂貴，但卻是烘焙師傅的好幫手的機器。將揉製好的麵團透過機器的滾壓，利用手柄隨時調整所需麵皮的厚度，就能呈現出所需厚度一致的麵皮。丹麥麵團最大的特色是在麵團中透過麵粉和奶油的層層翻摺，創造出千層的結構，此時利用壓麵機來回的整型最能有效率的製成所需的千層麵團。這類設備主要的差異在於滾台的長度和寬度可以因應烘焙師傅的需求和空間的限制，而且好拆好清洗、工作原理簡單，是多數烘焙廚房不可或缺的實用設備。

圖3-15　壓麵機

九、麵包切片機

　　麵包切片機是大家最熟悉的設備之一。在我們生活圈裡的一般麵包店中，通常可以在櫃檯後方看見這台設備。透過數十片固定式的刀片上下搖動，形成鋸子的切鋸動作，將整條土司麵包在幾秒鐘之內切片完成。當然，不同間距的刀片模組也能產生不同的土司厚度。一般而言，土司麵包約一公分厚，而厚片土司則約三公分左右。

十、凍藏發酵箱

　　凍藏發酵箱是烘焙廚房的重要設備之一（見**圖3-16**）。發酵的成功度掌握著烘焙製品的最終成果，尤其在臺灣夏天酷熱、冬天又偶有超級冷氣團的氣候環境裡，是無法像在歐洲或東南亞（如新加坡）有著穩定的自然發酵環境，讓麵團自然發酵成型。因此，一台能夠提供穩定濕度、溫度的發酵箱就扮演著非常重要的角色。

(a)隧道式凍藏發酵箱　　　　　　　　(b)凍藏發酵櫃

圖3-16　凍藏發酵箱

凍藏發酵箱，顧名思義就是兼具冷凍、冷藏、發酵三機一體功能的設備。試想，我們生活周邊的麵包店如果早上七點開門營業迎接早餐生意，勢必得從清晨四、五點就要讓麵團進入發酵階段才能來得及完成發酵、塗蛋液、放面料，然後烘烤、室溫冷卻，趕在七點營業時上架販售。這種我們常見的前店後廠型麵包店多半是夫妻或家人經營，搭配一、二位麵包和櫃檯助手，小本經營卻也撐起臺灣人對麵包的巨大需求。在人力有限的狀況下，麵包師傅必須在前一晚將事前製作好的麵團（可能是早已製作好放入冷凍庫儲存備用），取出後擺放在烤盤上並預留足夠的間距，因應發酵後體積膨脹避免彼此沾黏，然後移入凍藏發酵箱內繼續維持冷凍狀態。透過設備內建的計時器，在半夜的時候由冷凍狀態自動切換成冷藏狀態進行麵團的退冰回溫，然後在定時器的指示下，由冷藏環境再轉換為發酵環境，依照師傅原先預設好的發酵環境進行發酵。透過這自動化的設備輔助，麵包師傅可以在一早起床後馬上有發酵完成的麵團，依照產品特性進行簡單的烤前程序（麵團上輕割刀痕、塗蛋液、上面料）後就可以進入烤箱烘烤。時間上顯得非常有效率，又能夠提供穩定的發酵及烘焙品質，不會有因為氣候環境改變造成發酵大小不一的困擾，而師父也能在夜間安心睡眠。一般而言，依據季節、氣候和所在城市的溫度濕度條件不一，凍藏發酵箱所需的發酵時間和環境也略有不同，通常第一階段發酵約為攝氏二十六至二十八度，第二階段則為三十二至三十八度，濕度則約在68%至82%之間。

十一、層烤箱

　　層烤箱是一般烘焙廚房最常見的烤箱機種。（見**圖3-17**）層，顧名思義就是可以依照需求購買不同層數的烤箱，同時也可以因應空間條件，選購不同面積大小的烤箱。面積大小直接決定了每層烤箱可放置的烤盤數，少則一盤多則達九盤，每個烤盤尺寸為46×72公分。烤箱主要能源為220V電力，單層烤箱電力約為6KW，三層烤箱所需電力則高達

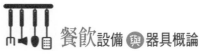

圖3-17　Laguna Deck oven (CN)層烤箱

27KW，這也是為何本章前述提及的烘焙廚房需要大電流、大電壓配置的原因。

　　現今的烤箱多為數位電子面板，並附有蒸汽設備因應法式麵包使用。烤爐內多配置石板達到溫度均衡且聚熱保溫的效果。照明燈泡搭配爐門上的透明視窗，讓工作人員可以清楚觀察到麵包烘烤的狀態。（見圖3-18）

　　比較具時尚設計的烤箱則採模組化設計，透過業主的需求把層烤箱、蒸氣烤箱、室溫冷卻架等周邊配備組裝在一起，讓使用者擁有最合適

圖3-18　玻璃門層烤箱

圖3-19　烘焙系列模組化設備像樂高積木

的設備和周邊配置，使工作和空間更有效率。（見**圖3-19**）這個原理和現在一般家庭常見的模組化廚房流理臺或系統家具的作法是相同的。

十二、工作臺冰箱／工作臺

就點心烘焙廚房而言，在工作臺上的要求最大的不同在於重量和臺面材質。重量直接決定了臺面的穩固性，畢竟在點心烘焙廚房裡揉製麵團的畫面天天上演，尤其在沒有攪拌機或小量用手揉製麵團時，就會直接在臺面上進行揉製、整型、分割、搓圓、再整型的工作流程。一個穩固的臺面是師傅工作最基本的需求，因此工作臺本身的重量、工作臺四腳甚至六腳的穩固性、地面的防滑性、工作臺面的水平調校都變得很重要，否則日積月累下來工作臺也會因為不穩固造成受力不平均而不穩、

變形甚至損壞。而工作臺冰箱，則因為本身的重量本來就比一般工作臺重上許多，問題自然相對比較小。此外，如果工作臺冰箱靠牆擺設，為避免食材或器具掉入後端牆壁縫隙，建議購買具有矮牆設計的款式（見**圖**3-20），對於設備後端牆角地面的清潔較容易維護。採用中島型擺放或兩臺工作臺冰箱背對背擺放時則可以選擇全平面式款式。（見**圖**3-21）

圖3-20　矮牆式設計的工作臺冰箱

圖3-21　全平面式工作臺冰箱

　　至於臺面，有別於一般廚房多採用不鏽鋼材質，點心烘焙廚房在臺面的選擇上除了不鏽鋼外，又多了石材的選項。石材臺面首選為天然大理石，利用石材本身溫度冰涼有助於麵團的穩定性，尤其對於含油量高的麵團，不容易產生麵團出油的情況。另外也有人採用柚木作為工作臺面，但因為木質屬於天然材質，表面仍具有毛細孔，比較不建議使用，尤其是含有油類的麵團（如丹麥麵團），油漬滲入柚木臺面會造成表面看來不潔，且容易發霉。現在坊間很多家用廚房流理臺或咖啡廳吧檯喜歡採用的人造石（杜邦石），則不建議用於點心烘焙廚房，因為人造石摻有化學成分恐引起食安疑慮之外，其在表面溫度上也比不鏽鋼或天然大理石來得高些，並不具表面低溫冰涼的使用需求。

第五節　烘焙器材概述

　　近年來坊間出現許多烘焙器材行銷售相關的器材給一般消費者，讓民眾得以在家中製作蛋糕、麵包等各式烘焙食品。而在製作的過程中，

所需的各項器材在價格上多半顯得平易近人，屬於電器類的設備（如簡易型的烤箱）也能在一般家電賣場或量販店買到，預算充裕的人甚至可以選購類似餐廳使用的專業烤箱，配置在自家廚房的瓦斯爐下方。

烘焙器材的另一特色為一個款式多種尺寸。例如，奶油擠花嘴、各式的蛋糕模、餅乾模、慕斯模、布丁模等，除了有各式各樣的可愛造型之外，還有多種的尺寸可供選擇。因應不同的產品可選用不同材質的造型模具，在選擇上則可以考量方便脫模的設計。

商品	名稱	規格	說明
	披薩鏟		塑膠把可用於鏟披薩或蛋糕。
	S/S橢圓慕斯圈	70×45×35mm	製作慕斯用造型模。
	S/S四方圈	55×30×0.8mm	
	S/S心型慕斯圈	6"	
	白鐵切麵刀	121×135mm	切割麵糰用刀具，多為不鏽鋼材質，刀鋒利度不高不致割傷。
	白鐵柄切麵刀	160×125mm	
	鋁製菊花模-K3（梅花模）	8×5.5×4.4cm	製作布丁用造型模。
	S/S布丁模（梅花）	W7.2×H4cm	

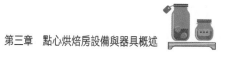

商品	名稱	規格	說明
	固定蛋糕模（陽極）	6", 8", 10"　H7cm	製作蛋糕用造型模。
	鋁製空心圓模	21.5×7cm	
	鋁製空心菊花模	特大　21.6×14.5×8.7cm	
	小長擀麵棍	圓徑25mm，長度300mm	擀麵棍有多種尺寸。
	木製擀麵棍（固定柄）	§8×L45cm	
	固定菊花派盤	上徑200×下徑181×高度26mm	製作派皮用造型模。
	兩用起酥輪刀	圓徑38×157mm	切割起酥皮用刀，也可用來切各式薄餅，如披薩或蔥油餅等。
	派輪刀	圓徑62×167mm	
	日製SW四層轉架	§760×1,020mm	蛋糕展示架。可以依大小依序堆疊多層。
	日製SW皇冠	5吋	蛋糕展示架最上層的裝飾物。

商品	名稱	規格	說明
	美製耐高熱刮刀	26cm	可用於煎炒或攪拌刮麵糊。
	齒型刮板（德國製）		多種造型花紋刮板，用於造型蛋糕鮮奶油。
	24兩900g土司盒	327×106×122mm（金色不沾）	土司麵包模。
	糖度計（0-32%）	30×40×170mm	用以測試甜度的儀器。
	耐熱手套	350mm	抗高溫手套。
	高級羊毛刷（6號直型）	235×75mm	多用於塗抹蛋液於麵包麵團上。
	義製PDN雙耳攪拌盆	22×H12cm	麵團／麵糊攪拌盆。
	NORITAKE #4000圓烤盅（小）	6.9×H3.6cm（80cc）	用於製作布丁之耐高溫容器，可直火噴燒焦糖或製作焗烤餐點。
	REVOL/MIN焗烤盅（白）	7.5×H3.6cm	
	圓型烤盤（白）／中	17×4cm	
	圓型烤盤（白）／小	§15×13.8×H3.8cm	

商品	名稱	規格	說明
	鷹牌抹刀（木柄）	23cm／抹刀	用於塗抹各式醬料或鮮奶油。
	鷹牌抹刀（膠柄）	25cm	
	鷹牌抹刀／彎型（木柄）	31cm	
	EBM擠花袋 15011/1-28	280×180mm	可重複使用的擠花袋，市面上有多種尺寸供選擇。
	日製平底篩籃	15.5×H15.5cm	用以濾篩麵粉。
	花嘴／一體成型		各式不同紋路的花嘴。
	鷹牌西點刀（圓頭）	高碳鋼27cm	切蛋糕用，通常會泡溫熱水使切面整齊。
	港製木製餅模（方形）	7.2×7.2cm（5兩）	古式糕餅用的餅模。
	9"打蛋器	總長345mm 握把130mm	攪勻蛋液用。
	轉臺（不沾）	309×H140mm	可自由旋轉，方便製作蛋糕外觀裝飾。

商品	名稱	規格	說明
	麵團用溫度計（日本）	0~50℃	用於測量麵團溫度。

第六節　結語

　　工欲善其事，必先利其器。擁有完善有效率的生產設備和規劃良善的工作環境，絕對是每位烘焙師傅夢寐以求的工作環境。本章簡單的把所需的環境條件和時下常見的設備，做一簡單陳述，希望能帶給讀者一個簡略的概念。當然，隨著物聯網（IOT, Internet On Things）時代的來臨，這些設備也不會置身事外。現在有些設備都有內建記憶程式，讓烘焙師傅把所需要的溫度與時間預先設定好，成為一個可以自己命名的程式模組。再透過網路以及原廠提供專屬的行動應用程式（app, Mobil Application）來做遠端的操作和管理，啟動烤箱、選擇模組程式、溫度監控、計時倒數等，讓這些工作都可以在手機中掌握。有空時不妨多前往參觀餐飲設備相關的展覽，或是假日出遊時也可以到食品相關的觀光工廠參觀，都能看到很多先進的自動機械化設備，為自己開拓眼界增長見聞。

Chapter

4

吧檯規劃及設備與器具概述

第一節　前言

　　當我們踏入一間餐廳或是咖啡廳時，除了一打開門感受到的氛圍外，絕大部分的人都會自然而然的將目光投射到營業場所內的焦點，也就是吧檯上。

　　吧檯，餐廳酒、水、飲料、果汁供應的中心，往往是年輕人跨入餐飲業之初最想學習的一個工作領域。分析其中原因，最重要的莫過於以下幾個原因：

1. 帥氣：常常可以在報章雜誌或電視節目中看到花式調酒的報導或影片，看到調酒員出神入化的丟擲酒瓶或酒杯的高超技術，莫不令人羨慕萬分。由於美式餐廳的推廣再加上調酒協會舉辦的各項賽事，吧檯的工作更受年輕人喜愛。

2. 工作環境良好：比起廚房爐火和烤箱所帶來的高溫，吧檯涼爽的工作環境顯得人性許多。專業的吧檯設計因為考量到客人有可能坐在吧檯用餐、飲酒聊天，所以在整體的環境舒適度上比起廚房要良善許多。

3. 工作多元與具趣味：除了可以耍耍酒瓶自娛娛人之外，因為工作屬性的關係，吧檯人員總是被要求要能熟悉各項時事新聞，尤其對於體育賽事更是要多所涉獵，才能和客人有更多的聊天話題，建立親切感，拉近與客人間的距離。當然，多數的吧檯甚至會架設電視機隨時播放各項運動賽事，也讓吧檯人員在工作之餘還能和客人共享賽事心得，增添不少工作上的樂趣。

　　看似輕鬆的吧檯工作，其實都是累積長久的工作經驗和專業知識技能，才能夠獨當一面承擔這項工作，這些兼具多重角色的工作內容分述如下：

1. 吧檯調酒員：吧檯調酒的工作就更不用說了，快速專業並且動作流

暢的完成每一杯飲料是吧檯人員的基本工作要求。這看似簡單的工作可能需要經年累月的背誦數百個酒譜，並且瞭解每一種基酒、利口酒的屬性。當然，正確的操作各項吧檯設備和器具、定期的保養維護讓工作上能夠更得心應手也是重要的工作之一。

2. 兼具餐飲服務人員的工作內容：吧檯人員同時要能夠擔任服務員的工作，因為餐廳客人可能選擇坐在吧檯用餐，吧檯人員必須和服務員一樣擁有相同的專業知識，能夠清楚的瞭解菜單上所有餐點的內容和烹飪作法，並且適時的提供建議和專業的餐飲服務。

3. 吧檯調酒員必須是一位稱職的銷售員：銷售工作也是吧檯人員很重要的工作範疇之一。因為飲食習慣的不同，臺灣人不像外國人對於各種調酒或基酒的口味、屬性有那麼充分的瞭解，這時就有賴吧檯人員和客人適切的溝通，瞭解他對酸甜的喜好、酒精度的可接受性、甚至客人當天用餐的目的場合及心情，進而推薦客人最適合的調酒來作為佐餐飲料。在國外，甚至還有專業的侍酒師會在用餐期間逐桌和客人交談，推薦適合的葡萄酒作為佐餐。

4. 身為餐廳的工作人員應該把餐廳當成自己的事業看待，讓每一位客人來到餐廳就像來到自家或朋友家的餐廳一般，以希望把最好吃、最好喝的美食飲料介紹給親朋好友般的心態，與客人話話家常聊聊是非，進而培養客人對餐廳的忠誠度和對調酒員的信賴感。

第二節　吧檯空間規劃要領

舉凡任何廣告文宣都一定會搭配一位兼具氣質與專業的吧檯人員，展現出在吧檯內認真工作的模樣來突顯餐廳的質感，經營者也會特別花心思、甚至是預算在吧檯區域的設計上，不外乎就是希望能藉由吧檯的設計讓整間餐廳的整體感更符合經營者心裡理想的餐廳。

然而，餐廳的吧檯需要的不僅僅是要美輪美奐而已，還要能創造

漂亮的獲利。吧檯在餐廳內往往負責除了食物以外的第二大營收，也就是酒水，以咖啡廳來說，更是主要的收入來源。也就是說，吧檯內部的規劃是經營者在規劃餐廳時需要特別用心的地方，大至空間設計是否能讓工作動線流暢，乃至設計材質的挑選、合適的器具設備以滿足菜單需求、決定杯盤樣式、水電照明等等，都在考驗經營者能否利用最合理的花費創造最大產值的獲利。

一、吧檯規劃的目標

　　吧檯與廚房雖然都是生產的區域，但兩者最大的不同處在於客人會直接將吧檯的一切納入眼簾，所以一個完善的吧檯實際上不僅僅要能提供餐食酒水，它的籌劃以及布置需要符合整體設計，以滿足視覺效果與留下良好的印象；更重要的是讓員工可以有效率且安全的完成工作，簡單來說就是要看得順眼，用得順利。大體而言，經營者在規劃時可以將以下要點作為規劃目標：

　　1.適當的吧檯位置及大小。
　　2.人員製餐及出餐動線必須流暢。
　　3.器材設備要符合菜單需求，並且需要提早決定。
　　4.吧檯的設計與擺設要能搭配餐廳的整體設計。
　　5.須合理的控制預算。
　　6.應提供安全且乾淨的工作環境。

二、吧檯位置的選擇

　　相信每一位經營者都想讓客人看到自己絞盡腦汁設計的吧檯，但是在決定營業場所中吧檯的位置時，可不是將設計圖打開，挑一塊最喜歡的區域就可以輕易決定的。經營者必須從整體環境去考量，採光、通風、空間的大小與高度是否符合器具擺放的需求等等都是考量的要素；

人員及貨物進出的動線更是吧檯座落於何處最重要的決定因素。服務人員取餐及送餐的動線需簡單流暢，有些營業場所會將收銀機設置在吧檯，讓客人用完餐後自行前往吧檯結帳然後離開，建議吧檯的位置勿太過偏離客席區。

大體來說，吧檯的位置會有以下幾種選擇：

1. 設置在進門正對面：這種設法有正面迎賓的感覺，同時也取代了玄關的角色，例如知名的「教父牛排」（見圖4-1），客人一入內即可看到吧檯人員專業的儀態。

2. 設置在進門的左右兩側：這種設法為目前市場主流，許多美式餐廳以及咖啡廳都會採用這種格局，例如美式餐飲連鎖餐廳 Friday's（見圖4-2），這樣的格局同時也呼應了美式的餐飲型態。外國客人有習慣先在吧檯點一杯酒精性飲料，坐在餐廳或是酒吧提供的吧檯高腳椅或是高吧桌，與吧檯人員或是同行朋友寒暄幾句或是觀看運動賽事之後再入座用餐。

圖4-1　將吧檯設置於進門正對面

資料來源：取自教父牛排官網。

圖4-2　將吧檯設置於進門左右兩側

3. 設置在餐廳正中央：這是一種類似中島概念的格局，可採取環狀的服務模式，也可增加展示的效果，有些酒吧例如臺北信義區的 Brown Sugar 黑糖餐廳（見**圖4-3**）就是將吧檯設置在營業場所內的正中央，讓四周的客人皆可看到吧檯人員專業調酒的英姿。

圖4-3　將吧檯設置於餐廳正中央

4.設置在生產吧檯（Service Bar）附近：生產吧檯不直接提供客人服
務，主要的功能是製作飲品，再由專人送到客人的用餐桌位，因為
純粹以製作飲品為考量，故無需太多裝潢，也可以設置在客人看不
到之處。

簡單來說，經營者不只需要從自身的角度去考量位置的選擇，更要
從消費者的立場去衡量吧檯的位置所營造出來的氛圍是否能拉近與客人
之間的距離。對於較無開店經驗的經營者來說，尋求專業的設計師協助
規劃在相較之下會是較為保險的做法。當然，所付出的預算相對而言也
會比較高，經營者需要衡量自身的資金狀況，做出最適當的判斷。如果
營業場所規劃於賣場內，賣場則可以提供概略的意見，在整體規劃上會
較適宜。

三、吧檯位置的大小

業主們一定都想將營業場所內的位置數安排到最大值，畢竟愈多位
置數可能代表著愈高的營業額，在如今寸土寸金的租金壓力下，會有這樣
的想法固然合情但卻未必合理。當我們在規劃空間時不能單單只想到客席
數，舉凡廚房的大小、員工休息的區域、客席間的間距是否讓客人感受舒
適，都是需要被考量進去的要項。尤其是吧檯空間的大小，業主需要先考
量選定的空間是否能容納所要採購的器具及設備，一些比較大型的設備，
例如製冰機，如果真的有採購需要但又想節省空間，就可以將機器放置在
廚房與廚房共用。此外，吧檯人員的效率對於營業額的高低有顯著的影
響，為了避免多餘的碰撞導致意外的產生，吧檯內部的空間動線需足夠，
才能讓吧檯人員流暢且安全的進行餐食酒水的製作。

大體來說，以臺灣的美式餐廳為例，吧檯的座位數大約是餐席座位
數的5%至7%，略低於西方國家的配比，主要是因為風俗和消費者習性不
同所致。如果餐廳沒有配置具備高腳座椅的酒吧，只有配置生產吧檯來
製作飲料，則一組基本配置的生產吧檯須具備水槽、洗杯機、調酒、工

作臺冰箱、冰槽、可樂及生啤酒機，其空間大小大約需要一‧五坪左右來生產一百個餐席座位數。如果有更多餐席座位，則可以將生產吧檯擴建一組相同設備來增加產能，但是因為製冰機相關設備可以共用，所以第二組的吧檯面積僅約需一坪就已足夠。

咖啡廳的吧檯面積主要是以咖啡機的生產力來決定，機器的大小及台數會直接影響吧檯所需要的面積，舉例來說，咖啡機內的鍋爐大小會直接決定熱水和蒸氣的穩定供應量，如果是使用半自動咖啡機，通常備以二至三個沖煮頭即可，如超過三個，則建議使用一台以上的咖啡機，以避免發生熱水和蒸氣不足的現象。另外，如果咖啡廳吧檯需要製作甜點及輕食，也需要將工作臺面的空間納入考量因素，避免操作空間過於擁擠。

吧檯內更需要足夠的收納空間，如果在一開始規劃時沒有思考周延，有可能在往後會造成人員將時間浪費在拿取或是整理貨物上。吧檯是一處需要頻繁進行清潔以及貨物盤點的工作區域，如果能在初期就妥善規劃一個大小適中的吧檯，不僅可以增進工作人員的效率，也可以協助經營者在未來營運上的管理更加得心應手。

我們常常在餐廳會聽到有人滑倒或是有人受傷，通常廚房以及吧檯是最容易發生意外的地方，所以當我們在策劃空間時如果能在細節上多加留意，便也可以同時減少意外的產生。

整體而言，就材質方面來說，吧檯內部的作業區域需選用防火、水以及耐用為主的材質，不鏽鋼材質的工作臺面通常為首選。內部的地板則可以選擇鑿面或粗面的小型地磚，以增加防滑性。合適的排水溝布建或下水孔的安排也是必須的，方便日常的地面沖刷。此外，也可以考慮在地磚上放置橡膠軟墊，不僅防滑也能適度保護玻璃器皿摔落破碎的機率和產生的噪音，軟墊也可以減緩工作人員長時間久站的負擔。但是要考慮的是餐廳必須有合適的場所可以在打烊後將橡膠軟墊沖洗乾淨，並且能吊掛晾乾。

木製的部分，為了防止濺濕或受潮，應避免使用在會直接接觸到水源的地方，並且可選用人造木皮或是美耐板這種有防水表層的材料，有

些營業場所為了配合整體造型也會選擇其他較特殊的材質，例如高檔餐廳的客座區會選擇高級石材，較偏工業風的餐廳則會選用帶有粗曠風格的金屬表面。

第三節　吧檯設備介紹

　　上述大略提到經營者於吧檯規劃前期需留意的大方向，經營者可視各方面的條件及需求，慎選最適合的空間類型。大體而言，目前較常見的吧檯空間類型有L型、ㄇ字型、一字型及圓型吧檯，各式類型各有其特殊性以及適合的坪數大小，在吧檯工程動工之前，有下列三項重點需要業主特別留意：

1. 動工前務必事先確認好所有設備大小：業主需與設計師或施工人員溝通好每個設備的大小，工程單位才可以預留設備所需要的空間以及所需要的管線，如此一來，可以減少一旦動工後，因尺寸差異而產生的額外延伸性費用。
2. 管線建議盡量皆以預埋的方式做處理：施工單位可以將管線從天花板上方以預埋的方式埋設於壁面裡，如果管線外露（也就是俗稱的「拉明線」）會造成管線與牆壁間的空隙，不僅會造成日後清潔上的不便，甚至形成鼠輩蟑螂的溫床，也可以避免管線長期觸碰到地板水源，而造成短路的現象。
3. 特殊設備電路及排水管道：水電是在施工時最需要特別留意的項目，有些設施需要配備大迴路的電量，就需要另設專用電路迴路，否則容易發生跳電，導致其他設備損壞。排水的部分則需要注意排水口及水管的口徑大小是否足以負荷預估的排水量，排水溝末端則應設置截渣槽。

　　圖4-4為吧檯平面規劃圖，以下就圖面上的設備順序編號做逐項介紹。

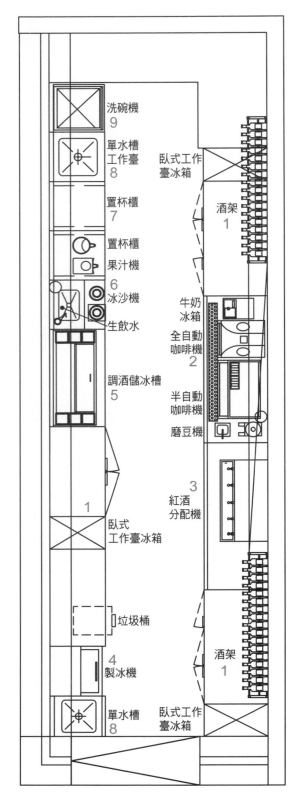

圖4-4　吧檯平面設計規劃圖

一、臥式工作臺冰箱

臥式工作臺冰箱（見**圖4-5**）上方為不鏽鋼材質之工作臺面，可在此處進行餐食酒水的處理，不鏽鋼材質擁有容易清理、耐用、防水之特性。在設置冰箱時要注意排水孔開孔的方向要與設備出水孔處左右相符。**圖4-6**為玻璃門的冰箱，與不鏽鋼冰箱不同之處為不鏽鋼門耐用且好擦拭，內部可以放置保溫棉，讓冷房的效率更好，而玻璃門的優點則是可以輕鬆的看到冰箱內的品項，可以縮減翻找品項的時間，還可以當作展示櫃使用，缺點是較為耗電，冷房效率也比不鏽鋼材質來得差。

圖4-5　臥式工作臺冰箱

圖4-6　玻璃門的冰箱

二、咖啡機

目前市場上的咖啡機依照其沖泡咖啡的方式原理大致可分為：(1)虹吸式；(2)過濾式；(3)加壓式三種；茲分述如下：

(一)虹吸式咖啡機

虹吸式咖啡（見**圖4-7**）早在十九世紀中就被以化學實驗用的試管作為基礎初次發展出來，之後隨著法國人的改良才成為今日大家所常見

圖4-7　虹吸式咖啡機

的上下對流虹吸式咖啡壺。只是虹吸式咖啡壺一直無法廣為流傳,直到一百年後因為流傳到日本,才被發揚光大。

　　虹吸式咖啡在臺灣的咖啡市場裡扮演極重要的角色,早期的咖啡廳、西餐廳提供的咖啡也多是以單品咖啡為主。顧客可以在飲料單裡發現各式品種的咖啡,像是藍山、巴西、曼巴、曼特寧、哥倫比亞等。這種以單品咖啡豆為區分的咖啡飲料都是採用虹吸式來泡煮,其泡煮所需的時間遠比現在市面上大行其道的義式咖啡來得久。

　　虹吸式咖啡壺主要包含了玻璃製的過濾壺、蒸餾壺、過濾器、酒精燈、攪拌棒及主支架等幾個重要配件,近年來因防火意識抬頭加上設備的演進,酒精燈的部分已經逐漸被電力或是鹵素燈取代。杯量的部分又可以依照過濾壺和蒸餾壺的大小,大致分為一杯、三杯、五杯的容量。要沖煮好一杯好喝的咖啡主要的要素有水量、水質、火候、咖啡粉的粗

細和份量、攪拌，以及泡煮的時間等等。

虹吸式咖啡機的操作方法如下：

1. 步驟一：倒入熱水至蒸餾壺（玻璃下球），以大火煮開，待水沸騰（見圖4-8）。煮一杯時要加入下球的水量為兩百毫升，不倒時底水需一百七十五毫升，煮二杯時需三百五十毫升。倒完水後將玻璃下球用抹布擦乾，否則容易使玻璃破裂。

2. 步驟二：將過濾器裝入過濾壺（玻璃上球）。將過濾器的勾子鉤住上球（下方玻璃管的底部），再用調棒將過濾器的位置調整到中間的位置，確保咖啡流下蒸餾壺時都能確實經過過濾器，以濾掉咖啡粉。（見圖4-9）

3. 步驟三：水沸騰後將上球的玻璃管插入下球，並且把研磨好的咖啡粉倒入過濾壺內（見圖4-10）。小心地將玻璃上球斜斜放入下球，確定水不會太滾而噴出時將玻璃上球直直地稍微向下壓並同時旋轉即可。

4. 步驟四：水上升一半後開始攪拌，攪拌完後開始計時（見圖4-11）。倒入每一杯咖啡粉的用量是十五公克，並開始第一遍的攪

圖4-8　虹吸式咖啡機操作步驟一

拌，攪拌時不要繞圓圈，而是左右來回，由上往下把粉壓入水中，
使兩個不同方向的力量相互撞擊。不要攪拌太久，只要使咖啡粉散
開即可。

5.步驟五：於二十五秒時做第二次攪拌，以確保咖啡粉已完全與水充
分混合。

圖4-9　虹吸式咖啡機操作步驟二

圖4-10　虹吸式咖啡機操作步驟三

圖4-11　虹吸式咖啡機操作步驟四

6.步驟六：五十五秒時做第三次攪拌，六十秒時關火。

7.步驟七：關火後立即以濕冷的毛巾擦拭玻璃下球。這樣可以讓蒸餾壺的溫度降低，誘使上壺的咖啡盡快降下來避免和咖啡粉有過長的沖煮浸泡時間（見圖4-12）。

8.步驟八：當咖啡液過濾至下方的蒸餾壺，再將蒸餾壺的咖啡倒入咖啡杯便完成了一杯香醇的單品咖啡。（見圖4-13）

圖4-12　虹吸式咖啡機操作步驟七

圖4-13　虹吸式咖啡機操作步驟八

(二)過濾式（沖泡式）咖啡機

過濾式咖啡顧名思義就是利用熱水沖煮，透過金屬濾網、濾杯（濾紙）或濾布將咖啡粉過濾出來，故又稱為「沖泡式咖啡」。沖泡式咖啡可分為日式及美式沖泡咖啡。

金屬濾網是目前已知的最好過濾方式，它可以讓大部分可溶解的菁華流過濾網，阻隔不好的物質，缺點是售價較貴，優點則是可以重複使用，並且避免有咖啡以外的味道產生，長久來看頗值得投資。

濾紙則是最方便的過濾工具，可用完即丟，感覺上比較衛生。濾紙同樣也能夠過濾掉大部分的雜質，唯收藏時必須謹慎，須避免受潮或吸附上其他的味道而影響了咖啡的風味與品質。

濾布是以前較傳統的過濾工具，當時多用在大量的咖啡沖煮。過濾雜質和咖啡渣的效果較不如金屬濾網和濾紙，尤其是難以清洗保養，目前已式微。

■ 日式沖泡法

日式沖泡可以是小量單杯的方式沖泡，目前常用的作法是手沖咖啡，常見於個人沖泡享用。最近這一、二年日式沖泡法有再次引起熱潮的趨勢。手沖咖啡係咖啡師透過長年的經驗，講求調整自身的手感以控制熱水流出的速度；此外，手沖壺本身的質感和造型也是咖啡喜好者觀賞把玩的元素（見**圖4-14**），壺嘴的弧度和出口的大小則是設計的重要關鍵，使切水更順手也讓整體更具美感。

日式沖泡現已非常普遍，尤其是濾掛式日式沖泡常見於上班族個人沖泡享用，其步驟如下：

1.步驟一：先將準備好的濾紙放入滴漏中，再將研磨好的咖啡粉放入濾紙當中（中等研磨度，一人份量約十二公克）。
2.步驟二：將煮好的攝氏八十五度開水由中心點輕輕緩慢倒入，再緩緩的以螺旋的方式（通常順時鐘方向較順手）由中心點往外倒入熱

餐飲設備與器具概論

圖4-14　手沖細口壺

水，讓咖啡粉末和開水完全滲透。此時咖啡粉末會開始膨脹並且慢慢再下陷，等待二十五秒後才倒入第二次熱水。

3.步驟三：注入第二次熱水，咖啡粉末會再度開始膨脹，熱水會開始穿透咖啡粉成為咖啡，並由下方滴漏到杯中。

4.步驟四：當上方的咖啡完全滲透過濾紙流到咖啡杯後即可將濾杯移開。

個人沖泡式咖啡須注意倒入水量的多寡，太多時咖啡味稀薄清淡，太少則過度濃郁且苦味強。

■美式沖泡法

美式沖泡咖啡機可說是國人最為熟悉也最廣泛被引用的咖啡機了。（見圖4-15）除了出現在一般美式餐廳、速食店、飯店自助早餐、機場貴賓室外，在一般會議供應的茶點上也都可以看到美式咖啡機的蹤影。美式沖泡咖啡機也常於許多家庭中出現。不論是自行購買、抽獎獎品、尾牙廠商贈送等，便宜好用且不占空間的美式咖啡機總是首選之一。目

圖4-15　美式沖泡咖啡機

前甚至有廠商推出三合一早餐機兼具了美式沖泡咖啡機、煎蛋、烤土司的三種功能，而且多半還具有咖啡保溫功能，相當貼心。

　　不論是哪一種形式或大小的美式咖啡機，用法都很簡單，主要的步驟如下：

1.步驟一：先將適量的淨水倒入咖啡機的盛水容器內。
2.步驟二：將濾網取出置入濾紙，並且倒入研磨好的咖啡粉在濾紙裡。
3.步驟三：將濾網放回咖啡機，接上電源啟動開關。
4.步驟四：機器開始加熱煮水，當水沸騰後會自動流入濾網中。
5.步驟五：熱水進入濾網與咖啡粉混合後，再滴入下方的咖啡壺中保溫。

　　煮好的咖啡進入咖啡壺後雖然具有保溫功能，還是建議盡快享用，以免變酸變質，影響咖啡風味。

(三)加壓式義式咖啡機

加壓式義式咖啡機可分為全自動與半自動。

■全自動式義式咖啡機

所謂的全自動式的義式咖啡機（見**圖4-16**），顧名思義只要按下一個按鍵，機器就可以依照原廠專業人員的設定萃取煮出一杯義式咖啡。而這杯咖啡不單可以是一般的義式濃縮咖啡（Espresso），也可以透過機器自動蒸熱牛奶及打發奶泡的功能，製作出一杯拿鐵、卡布奇諾等帶有牛奶或奶泡的花式咖啡。

全自動咖啡機的主要功能包含了：

1. 儲存咖啡豆及磨豆的前置準備功能、煮熱水、保溫，以及產生蒸氣的加熱功能。
2. 能自動填壓咖啡粉、下熱水煮出一杯咖啡，並且視需要加入適當份量的牛奶、奶泡的萃煮功能。

圖4-16　全自動式義式咖啡機

3.能自動清除咖啡渣、清洗濾杯，以及具有收集咖啡渣的後勤功能。

■ 半 自 動 式 義 式 咖 啡 機

　　半自動式咖啡機可以說是目前市場上咖啡機的主流，一方面是因為消費者刻板的印象，覺得全自動咖啡機煮得沒有半自動的好喝；另一方面是由工作人員於現場透過多道手續操作萃煮出來的咖啡，在消費者眼裡仿若是個表演，同時也增加了咖啡的潛在價值，讓消費者願意付出更多的價錢去換取一杯完美的咖啡飲料。市面上不論是從國際的大品牌星巴克，還是到本土連鎖品牌，甚至是泡沫紅茶店裡兼賣的咖啡飲料，都是採用半自動的咖啡機型。

■ 全 自 動 及 半 自 動 式 義 式 咖 啡 機 的 差 異

　　要區分全自動及半自動式義式咖啡機可以從功能上來判別：

1.半自動式義式咖啡機：要另備磨豆機（見**圖4-17**），烹煮的時候需

圖4-17　咖啡磨豆機

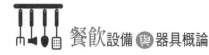

　　要人工填粉、填壓，於鎖上濾器握把後萃取咖啡的量會依照設定的量跟按鍵，煮到定量時自動停止。

2.全自動式義式咖啡機：磨粉、分量、下粉、填壓都在機器內部自動進行，當萃取量到達設定值時也會自動停止，功能完善一點的還必須具有自動發泡功能等；此外，奶泡量的粗細還可以自動調整。

　　全自動及半自動式義式咖啡機的差異，簡單來說，臺灣看到咖啡機跟磨豆機分開的都算是半自動（見圖4-18），而咖啡機有內建磨豆機，煮咖啡只需要放杯子按按鈕的就是全自動。這種全自動方便操作的義式咖啡現在也常見於一些吃到飽或是半自助式的餐廳，提供客人在餐後自行按鈕選用想喝的咖啡飲料。近年來隨著機器開發成本的降低，以及機器本身尺寸和產能的多樣性，有些咖啡機廠商甚至免費提供機器到各大企業公司的辦公室，藉以銷售其代理販賣的咖啡豆及周邊商品。

　　嚴格說來，全自動式咖啡機的咖啡品質是優於半自動式的。因為國外會用全自動設備的商家，都會伴有專業的後勤服務。雖然說臺灣的咖啡機代理商也都有很好的專業服務和後勤的零件支援，但主要還是須仰賴餐廳店家對咖啡品質的要求是否夠高，進而帶給維修人員更多的督促和對咖啡品質的要求。咖啡機一旦疏於保養，則不論是熱水溫度、壓力

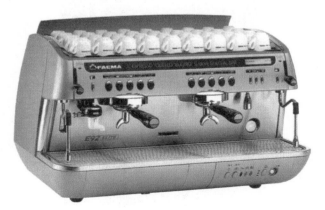

圖4-18　半自動式咖啡機

大小、咖啡豆的研磨粗細度、水量等關鍵要素都容易產生偏差，煮出來的咖啡自然也不會好喝。如果能夠頻繁的檢視咖啡機的各項重要關鍵，其實全自動咖啡機甚至能比半自動的咖啡機所萃取出來的咖啡品質更穩定。因為機器對於標準化產品的維持，遠比人工操作來得精準。例如：

1.全自動式咖啡機的定粉量可以設定到以一百毫克為單位，人工則至多只能進行目測，誤差較大。

2.全自動式咖啡機可以設定填壓力道，更好的機型甚至在萃取中還能動態調整二次填壓。

3.用全自動式咖啡機，每一杯萃取時的溫度、壓力、水量、粉量、填壓力道幾乎完全一樣。

用一台好的全自動機咖啡品質是可以超越半自動機型的。因為就算技術再好，半自動頂多只能有90%的穩定度，全自動則可以達到近99%。如果您是選購全自動咖啡機的餐廳業者，希望還是能多用心保養，以免辜負了設計者的用心，浪費了咖啡機萃煮咖啡的完美潛力。

國內許多飯店的自助餐餐廳以往多使用簡單的美式咖啡機供客人自行取用，最近幾年礙於競爭，多已逐漸升級使用全自動式咖啡機，除了提升咖啡的品質，同時也避免了美式咖啡機煮好因保溫過久，產生質變的負面印象。

三、葡萄酒分杯機

葡萄酒分杯機（見**圖4-19**）又稱葡萄酒分酒機（Wine Dispenser），是近年來在市面上越來越常見到的吧檯設備。這種機器顧名思義可以將每瓶葡萄酒按照需求設定每次出酒的酒量；大體來說，葡萄酒上機之後分為兩種出酒的方式：一種是已設定好每個按鍵的出酒量；另一種是以按壓出酒鍵的長短來決定出酒量。這種機器的運作原理是將氬氣充入瓶內，利用其高純度惰性氣體比空氣重的原理，使酒瓶內葡萄酒液面與空

圖4-19　葡萄酒分杯機

資料來源：取自葡萄酒分杯機大廠Enomatic型錄。

氣隔離，防止葡萄酒被空氣中的氧氣氧化，進而發揮保鮮作用，對於有
提供單杯葡萄酒的場所，這種方式也可以延長已開瓶葡萄酒的壽命，降
低葡萄酒的耗損量。對於出酒口的部分，機器也有自動吹乾的功能，避
免殘留的酒液影響下一杯葡萄酒的品質。此機器還能進行分區保溫，酒
瓶區的溫度可以設定在攝氏三至三十三度之間，例如紅酒的適合溫度為
十八至二十度，白酒則最好能維持在五至七度，這些要求都可以在同一
台機器內達成。

　　機器內部也會提供照明的功能，客人可以清楚看到想要挑選的酒
款。目前市面上一台機器可以選購放置二至十六瓶不等的葡萄酒瓶數。
葡萄酒分杯機會因外觀的材質，例如鋼琴烤漆、智能觸控面板，以及內
裝瓶數的多寡在價格上有很大的差異。高檔貨如義大利進口的葡萄酒分
杯機要價可達七十萬元以上，對餐廳業者而言，幾乎是專業頂級蒸氣烤
箱之下的第二高價的餐飲設備了。

　　除了專門設計給單杯葡萄酒的分杯機外，在販賣葡萄酒的場所中我
們常會見到具有恆溫功能的酒櫃（見**圖4-20**）。通常來說，營業場所的
恆溫酒櫃會選擇以壓縮機製冷的酒櫃，其穩定性相較於其他晶片式機種
要來得高，製冷效率也較好，當然價位的部分也相對可觀。其主要優點

圖4-20　恆溫酒櫃

為較不受環境溫度的影響，因此在溫度較炎熱的地區也可以使用，控溫的範圍較大，可介於五至二十二度之間，但因為是使用壓縮機製冷的緣故，會有噪音及震動的問題，故在選擇放置地點時，要考量壓縮機的聲音，以不影響客人為主要原則。

　　恆溫酒櫃為求其恆溫的首要考量，大型的高檔貨甚至有如一間藏酒室，例如臺北寒舍艾美酒店的「北緯二十五」入口處便建置有如此一間高檔漂亮的藏酒室，算是經典之作。人員可以走進藏酒室內，並且有標榜以紅外線高密度對櫃內多數的酒瓶瓶身進行遠端測溫、調節控制壓縮機的效能，以確保高價紅酒的品質穩定。恆溫酒櫃在濕度控制方面能確保這些紅酒處在不過於潮濕的環境中，致使酒瓶標籤和軟木塞受潮發霉，影響賣相和紅酒品質。因為濕度過低或過於乾燥有可能造成軟木塞因此乾裂，使空氣進入酒瓶內，致使紅酒氧化變質甚至損壞。

四、製冰機

　　製冰機（見**圖4-21**）通常會在進水口先安裝淨水器，確保製作出來

圖4-21　製冰機

的冰塊是可食用的。營業單位可以依照自身的營運量和對於冰塊的需求量選擇機型的大小，甚至是冰塊的形狀，製冰機的規格主要是以冰塊的日產值作為依據，小則六十磅，大則高達五百磅。冰塊製作完成後會自動掉落至儲冰槽內，槽內的上方靠近製冰處則設有一個感應器，透過設定可以讓冰塊儲存於一定的存量後暫時停止製冰以節省能源。

製冰機依散熱的方式分為水冷或氣冷：

1.水冷型的機器主要是利用水的循環，由大量的冷卻水將熱能帶出，達到降低冷凝溫度的目的，故不需要太大的散熱空間，可設置在較密閉的場所，但是要注意冷凝水排出的方式，最好可以直接排入水溝，避免造成過量的水溢出。

2.氣冷型的機器則是使用電能作為能源，可節省下水源花費。氣冷型的運作原理是運用風扇的轉動帶出熱能，須設置在通風條件較好的場所，否則易因為散熱不良降低機器效能。在電費上的花費也會比水冷型的機器來得高。

近年來有鑑於食安意識抬頭，有些餐廳已不再採購製冰機，以避免

維修保養時更換濾心及管線的困擾，或是稍有不慎易發生生菌數超標的問題，現多轉為向專業製冰工廠採購，由專業的廠商提供的製品在品質上也較有保障。

五、調酒儲冰槽

選擇冰槽時最好可以選擇保溫效果良好的冰槽。調酒儲冰槽通常為兩層式，中間填塞有保冷隔熱棉，用來延長冰塊融化的時間，也同時避免冰槽外體表面產生水滴。在功用性方面，建議選擇中間置隔板片，可任意調整間距且是上開式對拉門板的冰槽（見圖4-22），原因是隔板片可以將冰槽隔成兩格或是三格，用於儲放冰塊或是碎冰，而對拉門板則是方便拆卸且具有保護作用，例如可防止破碎的玻璃器皿直接掉入冰槽中。

最後，在冰槽的部分需考量的要素為排水，過細的排水管，尤其是軟管，容易造成堵塞或是產生黴菌及水苔，皆會產生食安疑慮，故除了

圖4-22　上開式對拉門冰槽

水管口徑大小須特別留意外，也建議使用PVC或是金屬材質的水管。

通常在調酒儲冰槽附近都會設置汽水槍跟置瓶槽。汽水槍也可稱蘇打槍（見圖4-23），其原理跟市面上看到的汽水機相同，只是將它縮小化，方便吧檯人員製作飲品，也可節省吧檯空間。汽水槍可以整合碳酸飲料和非碳酸飲料，業主可以依照菜單上的飲品種類決定要使用幾孔的汽水槍，通常內置有二至三種的碳酸飲料，其餘則為飲用水及蘇打水。在汽水槍的保養上，最需要注意的是要請廠商定期來調整糖漿、二氧化碳及水的比例，確保注出的飲料符合當初要求的甜度。另外，糖漿桶儲藏的位置建議勿離汽水槍太遠，過遠的距離容易在清理時造成管線內部糖漿的過多浪費。

置瓶槽（見圖4-24）常見於酒吧、美式餐廳或是具有正式調酒功能的吧檯，其目的為擺放一些調酒常用的基酒或糖水，讓吧檯人員可以隨手取得以增加工作效率。通常是直接將不鏽鋼置瓶槽焊接在工作臺，靠

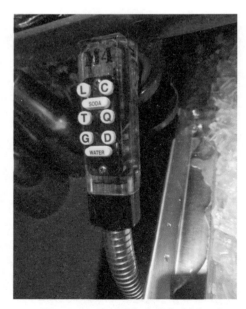

圖4-23　汽水槍（蘇打槍）

圖4-24　置瓶槽

近吧檯內部的立面上。寬度可以按照店家需求，通常會建議至少可以擺放八至十二瓶基酒的寬度，深度以酒瓶瓶身三分之二左右的高度為基礎，以方便拿取為原則；在高度的部分，置瓶槽底部的高度離地面約四十公分，即讓酒瓶瓶頸的高度約在吧檯人員的大腿位置，方便人員無需彎腰就可拿取使用。

　　置瓶槽為頻繁使用的區域，清潔工作一定要做確實，置瓶槽的底部可採條狀屢空的方式，讓酒瓶不會掉落即可，目的為方便清潔及防止積水。酒瓶的部分最好每天擦拭，每日閉店之後，酒嘴的部分可用酒嘴套覆蓋，或是以保鮮膜包覆。

六、冰沙機

　　市面上有很多不同款式的冰沙機（見圖4-25），主要用其扭力、材質以及功能性作為區別。冰沙機的扭力可以彌補普通果汁機的不足之處，主要的功用就是可以將冰塊打成沙狀，故稱為冰沙機。

圖4-25　冰沙機

　　冰沙機的扭力來自於馬達的轉速，轉速越快打出來的產品就越綿
密，使用者可以依照想要的綿密度調整轉速，有些進階的機種還貼心的
幫消費者設定好轉速及攪拌時間，甚至是搭配觸碰式面板。另一個影響
冰沙綿密程度的因素則為鋼刀，目前市面上的鋼刀皆以不鏽鋼或是鈦合
金的材質為主，鋼刀的片數越多、厚度越厚，打製出來的冰沙也會更綿
密，也可絞碎較堅硬的食材。另外也可以選購有搭配外罩的冰沙機（見
圖4-25），可減少噪音的產生，特別適合設置在需要頻繁使用或是較安
靜的營業場所。配件的部分也可以選購附有攪拌棒的設計，其主要功能
為增加導流，特別是在攪動水分較少的食材時，可以確保食材都能均勻
的攪拌。

　　除了冰沙機之外，類似的機器也有像圖4-26的奶昔機，其主要功能
除了製作奶昔外，也可作為快速攪拌調酒或是其他液態食材之用，例如
作為調製雞蛋或麵漿的機器。

圖4-26　奶昔機

七、置杯櫃

　　吧檯內除了規劃放置杯具的空間外，業主也可以考慮採購較專業的冰杯機（見**圖4-27**）。專業冰杯機的特性為可以將洗杯架連同架子一併放入冰杯機，需要使用杯子時能直接取用冰鎮過的杯子，或者也可以採購開口式的飲料櫃（見**圖4-28**），這種冰箱除了可以容納各式形狀的杯具，還可以將瓶裝飲料冰鎮其中。開口式的飲料櫃拉門以及不鏽鋼材質的設計可提供較好的保冷效率，也方便清洗。

八、水槽

　　設置水槽時最需要注意的就是排水，排水管的口徑大小須與出水孔相容。水槽的部分因為會頻繁的清洗與放置玻璃杯具，故在選擇時需考

圖4-27　冰杯機

圖4-28　開口式飲料櫃

量容量的大小，以及挑選底部較為平坦的水槽，如此可避免忙碌時過多的杯具傾倒或是破損。另外，目前市面上有販售可吸附在水槽底部的杯刷組（見**圖4-29**），有分為自動與手動，建議購買至少有三個刷頭以上的刷組。刷洗過程是將髒的杯子插置在中間刷頭，在旋轉清洗杯內的同時，左右兩邊的刷頭同時會刷洗杯子的外緣，這樣一來可以加快清洗杯子的速度，也可以在髒杯放入洗杯機清洗前預先做簡單的刷洗。

圖4-29　可吸附於水槽之杯刷組

九、洗杯機

　　如果你是在一個有洗杯機（見**圖4-30**）的吧檯裡工作，那恭喜你，光是這點你就比其他人輕鬆很多了。吧檯獨立設立一台洗杯機的好處除了省時又省力之外，還可以避免因為與餐具使用同一台洗碗機造成油垢或水漬殘留在杯上的窘境。在人力及時間成本上，也可省去吧檯人員花費大量時間人工進行杯具的清潔上。在使用洗杯機時，要隨時注意藥劑的比例是否正確，每天也要定時更換洗杯機內的內循環熱水，避免因為藥劑比例失調或內循環熱水過髒，導致洗出來的杯子有不潔的現象。

第四節　吧檯的器具設備與各項杯具介紹

　　上述幾節分別概述了規劃吧檯時應該注意的事項及設備的介紹，在我們用盡心血與金錢，好不容易將心目中的吧檯建置完畢後，最後就是

圖4-30　洗杯機

　　如何妥善的使用及維護，這樣才能讓所有的吧檯設備都符合可以使用的
年限，讓投資不致化為流水，省下許多不必要的花費。不管是每日或是
定期的清潔，經營者都必須做好規劃跟監督的職責。定期盤點及員工訓
練更是不可或缺的一環，每一位工作人員都必須清楚明瞭自己的工作職
責，尤其是使用設備上的工作安全，千萬不要因為一時的疏忽造成人員
與金錢的損害。

　　本章介紹了許多吧檯規劃時需要注意的事項，相信每一位經營者都
希望在縝密的規劃所有細節之後，可以順利的開業、營運，特別是獲取
利潤，但往往實際經營時總是會有很多預料之外的狀況發生，這些狀況
都在考驗著經營者是否能冷靜的面對，妥善處理危機並做出最適當的決
定。以下是杯具和各項吧檯器具設備簡略的圖示介紹。

一、Libby杯子的規格

商品	中文說明	英文名稱	容量oz
	利口酒杯	Liqueur	2
	果汁杯	Juice	8 1/2
	烈酒加冰塊用杯（一般）	Rocks	9 5/8
	烈酒加冰塊用杯（加大）	Double Old Fashioned	11 3/4
	高球杯多功能用途	Hi-Ball	9
	多功能用途（可當水杯、軟性飲料或調酒用杯）	Beverage	13 1/2
	雪利酒用杯	Sherry	3 3/4
	白蘭地用杯	Brandy	9
	雞尾酒杯／馬丁尼杯	Cocktail	7 1/2
	長笛香檳杯	Flute	6
	紅酒杯	Red Wine	8 1/2

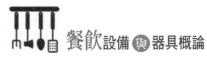

商品	中文說明	英文名稱	容量oz
	白酒杯	White Wine	8
	馬格莉特杯	Margarita	9
	長笛香檳杯	Tulip Champagne	6
	長笛香檳杯	Tulip Champagne	9
	正統香檳杯（用於外交國際場合及香檳塔堆疊）	Champagne	4 1/2
	冰茶杯	Iced Tea	16
	高款冰茶杯	Tall Iced Tea	16
	啤酒杯	Beer	12
			10

商品	中文說明	英文名稱	容量oz
	啤酒杯	Beer	12
			14
	高款啤酒杯	Tall Beer	14
	愛爾蘭咖啡杯	Irish Coffee	8 1/2
	颶風杯（通常為果汁用）	Hurricane	15
	烈酒一口杯	Shooter	1 7/8
	龍舌蘭一口杯	Tequila Shooter	1
			1 1/2

商品	中文說明	英文名稱	容量oz
	美製中型含架長啤酒杯（高度半碼）	Half Yard of Ale	25
	小型醒酒器	Cocktail Decanter	6
	醒酒瓶	Wine Decanter	1 Liter
	醒酒瓶	Cellini Decanter	27 3/4
	醒酒瓶	Vintage Decanter	43 1/4

商品	中文說明	英文名稱	容量oz
	各式馬克杯	Beer Mug	12~20

二、吧檯設備及器具介紹

商品	名稱	規格	說明
	鋁三五壓汁機（特大）	特大	壓柳橙或檸檬汁用器具。
	UK挖冰杓	#8	冰淇淋杓。
	S/S強力挖冰杓	#12.#16	不鏽鋼材質，強力冰淇淋挖杓。
	瑞製S/S奶油發泡器	∮8×H24cm	搭配壓力氣瓶可以將倒入的液態鮮奶油以發泡的方式噴出。

商品	名稱	規格	說明
	咖啡沖架／小	L18×§18cm	將研磨過的咖啡粉放入布袋內，再沖熱水製作濾泡式咖啡。
	美製果汁機（不鏽鋼上座）	1,320cc.	商用冰沙機上座可選擇壓克力或金屬材質。
	美製果汁機（壓克力上座）	1,320cc.	
	冰沙調理機	2.7hp（馬力）／110V／12.5安培／37,000rpm	高速攪拌機搭配可碎冰塊的攪拌刀片以調理冰沙飲品，可選購外罩以降低運作時的音量。
	美製旋轉開罐器	L22×W5cm	旋轉式開罐頭用器具。
	美製調味瓶組	§9×H34cm (960cc.) 1QT	可存放果汁飲料附蓋，也可裝上瓶嘴。倒出時可數拍子計量倒出的分量。
	刮皮器	L14cm	簡易水果刮皮器。
	刮皮器／不鏽鋼	L14cm	
	日製SWPC冰鏟／大	1,100cc.	各型冰鏟應在製冰機外掛附冰鏟盒放置冰鏟，避免將冰鏟留置於製冰機的冰槽內以免發生污染。
	鋁製冰鏟	12oz	

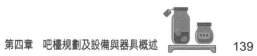

商品	名稱	規格	說明
	S/S雙層冰桶	§14×H14cm 附S/S冰夾	具簡易保溫功能供使用者自行取用。
	王樣S/S如意夾（小）方頭	L19×4.5cm/18-10SS	各型冰夾前端鋸齒狀對於夾取冰塊的牢固度較佳。
	日製SW冰夾	L150mm	
	義大利圓型細口咖啡壺	250cc.	除了裝咖啡也可用來盛裝各種調味醬汁
	量酒器	不鏽鋼材質 H5.6cm	分上下兩種不同容量，各為1OZ及0.5OZ。
	濾冰器		將彈簧端套入杯口再倒出飲料可以隔絕冰塊。彈簧伸縮的功能在於適用不同口徑的杯口。
	蘇打槍	8鍵	由廠商提供並安裝，連接糖漿桶及二氧化碳氣瓶，透過不同按鈕流出不同口味的飲料。
	雪茄專用菸灰缸	§15cm	專為雪茄設計，孔徑較大，菸灰缸本身的半徑也較大。
	花式調酒用瓶	H28.5cm	為練習花式調酒拋瓶專用的練習瓶。
	冰酒桶	H74cm	用於客人桌邊擺放，使用時需加入適量冰塊及水，以冰鎮白酒、香檳或冰甜酒。

商品	名稱	規格	說明
	雪茄保存櫃	H170cm／110V 單門4層可調式層板	附有控制溼度的設計可存放大量雪茄，外部有溼度計可做觀察。
	吸／打氣兩用機	H50cm／110V	可打氣用於開瓶未喝完的香檳塞上橡皮蓋及鐵扣後打入氣體避免香檳消氣。對於開瓶未喝完的紅白酒也可以在塞入橡皮塞後，利用這台設備吸取瓶內空氣讓酒質保持良好。
	雪茄用打火機	H13.5cm	藍火高溫且具防風功能。可重複填充瓦斯。
	雪茄專用剪	14cm	抽雪茄前需利用雪茄專用剪刀在雪茄頭彎弧處剪出一個吸口。
	調酒攪拌匙	32.5cm	兩頭分別是叉和匙，是調製雞尾酒飲料的器具，可攪拌，小匙可用於試喝。
	調酒搖杯	杯身容量10oz. 全部容量18oz.	常見的調製飲料器具，可用於搖晃混合飲料及過濾冰塊，有多種容量尺寸可供選擇。
	葡萄酒儲藏櫃	+4~22℃／W1,290×D633×H1,770mm／220V／2.28安培 容量：150瓶，12層	機種大小有多種選擇，可存放12至90瓶，可保持恆溫恆溼，讓葡萄酒得以保存多年不變質。
	飲料冷藏冰箱		機種大小多種選擇，透明玻璃方便尋找拿取，內部層架可調整。

商品	名稱	規格	說明
	商用全自動義式咖啡機		特點是不需手工打發奶泡，咖啡機可自動快速的製作花式咖啡。
	各式磨豆機	110V／1hp／9安培 W18×D40×H68cm	有多種規格容量機型可供選擇。可依個人喜好口感，調整研磨粗細度。
	雪泥冰沙機	110V／1hp／11安培 W40.6×D62.2×H81cm	通用於一般店家商場或活動會場。
	熱巧克力機		利用熱水沖泡巧克力粉，以電力為熱源，內部並有攪拌棒不斷攪拌避免沉澱造成口感不均勻。
	果汁機	W40.6×D60×H80cm	具有內部循環及冷藏功能，以電力為壓縮機提供動能。
	商用半自動式義式咖啡機（3把）	3把手、5快速鍵 §200mm銅製鍋爐（16.5L）230V／50-60Hz／4,000W	典型義式咖啡機，利用內建熱水及氣壓鍋爐讓熱水通過咖啡粉以萃取義式咖啡。再利用蒸氣棒將鮮奶打發使之氣泡棉細，即可調製完美的義大利風味花式咖啡。
	商用半自動式義式咖啡機（單把）	單把手、5快速鍵 §200mm銅製鍋爐（5.8L）230V／50-60Hz／2,100W	典型義式咖啡機，利用內建熱水及氣壓鍋爐讓熱水通過咖啡粉以萃取義式咖啡。再利用蒸氣棒將鮮奶打發使之氣泡棉細，即可調製完美的義大利風味花式咖啡。

商品	名稱	規格	說明
	商用全自動式美式咖啡機（附保溫座）		利用內建熱水淋過咖啡粉濾泡出來的美式咖啡，上方附有兩個保溫座放置咖啡壺。每壺可保存12杯。
	商用全自動式美式咖啡機（附保鮮器）		將美式咖啡粉予以封包，避免與空氣接觸而喪失咖啡風味。
	商用冰茶機		利用冰水淋在檸檬紅茶粉上，沖泡出檸檬風味紅茶，具有保冰功能。
	智慧型茶／咖啡機		利用內建冰水淋過專用的冰咖啡粉或檸檬紅茶粉，沖泡出冰咖啡或冰茶。
	鮮奶發泡器	400cc. 600cc.	用以盛裝鮮奶，以義式咖啡機的蒸氣棒打發鮮奶，使奶泡膨脹綿密。
	冷飲壺	1,500cc.	盛裝飲水、果汁、牛奶、豆漿等各式冷飲，常見於飯店早餐自助餐臺上。
	煙灰缸		玻璃製品，為通用型菸灰缸。

商品	名稱	規格	說明
	氣氛燭臺		為一造型玻璃管採中空及兩邊開口設計，用來罩住蠟燭創造氣氛用。

Chapter 5

廚房設備與器具概述

第一節　前言

　　廚房是一家餐廳的生產重心，廚房內舉凡動線規劃、設備挑選、擺放位置、空氣品質、照明、溫濕度控制及衛生控管等，都關係著整體的生產品質和效率。而廚房設備的挑選則有以下幾個因素來作為參考：

一、餐廳型態

　　餐廳的型態可分為工廠、學校或軍隊的大型團膳餐廳、自助式餐廳、一般餐廳、簡餐咖啡廳、速食店、便當店等各種營業型態。不同的營業型態除了直接關係著用餐人數的多寡外，也會因為營運型態的不同而有不同的設備採購考量。例如大型團膳餐廳著重各種設備的生產量，除了能夠同時製備大型團體用餐所需的分量之外，能源及設備效率的考量也不能忽略。而一般的簡餐咖啡廳所提供的點餐可能多屬於半成品餐點，例如引進調理包讓現場人員只做加熱或最後的烹飪動作，因此，採購的設備也多屬於小型且功能簡單的烹飪設備。

二、餐點型態

　　餐點的型態指的就是菜單內容。除了可概分為中式、日式、西式等餐點外，也可能因為菜單上的產品組合有所不同，在採購廚房設備時就會考量到將來的功能性是否能滿足需求，或是設備未來的擴充性。例如現在坊間多數的便當店都習慣將雞腿飯、排骨飯、魚排飯等熱賣商品以油炸的方式來烹調，在油炸爐的選擇上就必須更加謹慎，以免因為產能不足或故障頻繁而影響營運。

三、能源考量

設備的能源主要為電力及瓦斯兩種，並且各有其好處和缺點。坊間各種廚具的生產也多半同時設計電力系統或瓦斯系統供餐廳業者選擇。

(一)電力

電力的優點是乾淨、安全、無燃燒不完全的疑慮且能源取得容易；缺點則是加熱效率較不如瓦斯火力、電費較昂貴，並且容易因颱風、地震或鄰近區域的各種因素造成斷電或跳電，影響廚房生產。此外，電線亦容易遭蟲鼠嚙咬破壞，或者因為線路受潮而頻頻發生跳電。

(二)瓦斯

瓦斯的優點是便宜、加熱效率高；缺點則是容易造成燃燒不完全引起安全疑慮。有些地區因無瓦斯管線的配置，所以需採購瓦斯鋼瓶，但其容易有瓦斯能源中斷以及更換瓦斯鋼瓶的麻煩。

四、空間考量

一般來說，大部分的廚具尺寸在設計時會盡可能縮小（多半是在寬度上縮小，因為高度和深度仍必須符合人體工學的舒適度），但是尺寸其實也間接影響了設備的生產效能。例如冷凍冷藏設備的尺寸直接影響內部存放空間，爐具也可能因為尺寸的不同有二、四、六、甚至八口爐的規劃。所以在選購時要兼顧空間和製作量的需求，才不會有空間浪費或造成生產效率過低與閒置的情況發生。

五、耐用性及維修難易度

耐用性可說是所有採購者和使用者最關心的一件事。頻繁的故障或

過短的設備壽命，除了花錢之外也徒增許多困擾。因此，在可接受的預算下採購品質信譽良好的品牌是必須的，而後續維修的效率及零件取得的難易也是重要的考量。現今因為廠商競爭加上整體經濟環境不佳，有許多廠商往往因為業績問題而歇業，造成後續維修求救無門的窘境。廠商對於材料庫存量不斷地壓低也影響了維修的效率，這些因素都是在採購時值得預先評估的地方。

六、安全性

安全性的確保有兩個重要的關鍵因素，一是設備設計上的安全措施，這是在採購時要留意的項目之一，也是廠商設計開發時很重要的一個課題。另外一個關鍵因素，則是有賴餐廳業者透過持續性嚴謹的教育訓練，來避免意外發生。

以瓦斯能源的設備來說，多半會有瓦斯滲漏的偵測器。一旦發現瓦斯燃燒不完全或外洩便會自動關閉設備及瓦斯開關，直到狀況排除為止。又如食物攪拌機為避免操作人員的手尚未完全離開機器就開始運作而造成傷害，多半會有安全設計，例如加蓋並且吸附上電磁開關的磁鐵後才能啟動，以完全杜絕意外發生。

教育訓練的確實執行也是重要的一環，對於較複雜或危險性較高的設備，可指定少數經過完整訓練的專人或主管才能操作，以避免憾事發生。

七、零件後續供應

若想避免將來零件供應中斷造成設備無法繼續沿用的窘境，有效方法莫過於購買市場占有率較高的知名品牌。只要市占率高，設備供應廠商的營運自然較為穩健，能夠永續經營的機率也相對較高。即使將來不幸廠商結束代理，這些知名的設備品牌也較容易再找到新的代理廠商，

讓後續的維修服務及零件供應能夠不受影響。再者，就像汽車零件或各式套件一樣，愈是暢銷的品牌愈容易在市場上發現副廠的零件。選用副廠的零件雖然保障較不如原廠來得穩當，但是通常在品質上還能有一定的水準，價格上也較原廠便宜。

八、衛生性

要能確保食品在製作烹飪的過程中保持不被污染，除了工作人員勤於洗手、穿著符合規定的制服、廚帽、口罩等，烹飪設備的清潔維護也是很重要的一環。因此，在選擇各項廚房設備時，除了要考慮設備的功率、效率、功能及外型等各項因素之外，表面的抗菌性、設備外觀設計是否沒有死角方便擦拭消毒、內部角落是否易於清洗不致藏污納垢等，也是非常重要的考慮因素。此外，重要的核心零件是否防水或有經過適度的保護，讓機器容易沖刷也是考量的因素。

第二節　廚房設備介紹

一、準備區前置生產設備

準備區的各項設備包羅萬象，主要以食材處理為大宗。舉凡削皮、研磨、切片、攪拌、脫水等功能都是常用的準備區設備，目的不外乎提高效率、減少人工的浪費以及危險的降低。讓機器設備來處理除了可提升效率，對於規格的一致性也能有效確保，例如切片機能夠確實掌握切下來肉片厚度的一致性。

(一)洗菜機

圖5-1這台Zanussi專業的蔬菜洗滌機，全機採用不鏽鋼製作，並且擁

圖5-1　洗菜機

有完善的抗菌功能，機體中的洗滌槽有四種不同形式可供餐廳選擇。這台設備主要是提供學校、軍隊、大型自助餐廳、中央廚房使用，洗滌量大、耗水少、耗電低，並且符合各項國際認證。

(二)蔬菜洗滌及脫水機

　　圖5-2這台設備同樣採不鏽鋼製造，並且擁有良好的抗菌表面。同時可處理六公斤的蔬菜進行洗滌及脫水，相當適合葉菜類的前置作業。

圖5-2　蔬菜洗滌及脫水機

主要的洗滌目的是將附著在蔬菜上的泥土、灰塵、蟲卵和農藥洗淨。對於球形果實類的蔬果，例如馬鈴薯、蘋果等，可直接放入機器內；但是對於菜葉類的蔬菜，例如高麗菜、萵苣、生菜葉等，則須先經過人工適當的裁切及挑選後，再放入機器中進行洗滌。機體的操作時間設有定時器，並且設計安全開關，當上蓋被開啟時，運轉中的機器會立即斷電停止運作，以維護工作人員安全。

(三)馬鈴薯削皮機

　　許多西式餐廳因為馬鈴薯泥的用量大，多半會採購馬鈴薯削皮機（見**圖5-3**）。主要功能有洗滌、沖洗、削皮，上蓋設計有一個透明視窗，讓工作人員能夠隨時檢視削皮的進度（見**圖5-4**）。大型的削皮機用於大型中央廚房，可以在一小時內處理高達四百公斤的馬鈴薯。而一般小型供普通餐廳使用的削皮機也都能有二十五公斤的產能效率。此外，如果採人工方式削皮，通常會有20%的耗損，而透過削皮機則能將耗損降低至5%。

圖5-3　馬鈴薯削皮機

圖5-4　馬鈴薯削皮機的透明視窗設計

(四)多功能蔬菜調理機

　　多功能蔬菜調理機（見**圖**5-5）配置有各種不同形式的刀片，能快速的將蔬菜切成絲狀、泥狀、片狀或丁狀（見**圖**5-6）。主要是針對未經烹飪過程的各式蔬菜，例如洋蔥、馬鈴薯、紅蘿蔔、白蘿蔔、胡瓜、包心菜、美生菜、高麗菜等。全機多半為鋁合金製作，並且有良好的防水功能，避免馬達等機件因為沖洗而故障，刀片則有各種不同形式可供選購，設計上更換刀片流程簡單安全，但仍須小心操作。

圖5-5　多功能蔬菜調理機

圖5-6　蔬菜調理機的刀片配置

(五)落地型攪拌機

　　落地型攪拌機是在一般廚房及點心房都極為普遍的設備（見**圖**5-7）。適合用於西點麵包、饅頭、粿類、各式肉丸魚丸、馬鈴薯泥的製作加工。攪拌機的攪拌棒和攪拌盆都有多種款式及尺寸可供選購。一般來說可以處理二十至九十公斤重量的麵糰或食材，透過其強有力的馬達帶動攪拌棒，以穩定速率的轉動讓食材獲得最佳的攪拌。設備本身相當重，大約三百公斤左右，視需要須把設備的腳部直接固定於地板上，以避免機器晃動而影響作業效率。

圖5-7　落地型攪拌機

(六)食物攪拌機（慕斯機）

　　對於廚房工作人員而言，食物攪拌機是不可多得的好幫手，普及率相當高（見圖5-8）。透過高轉速的馬達帶動內部刀片，能夠輕易地將各式食材打成極碎甚至泥狀（見圖5-9）。通常可用來處理蔬菜、肉類、魚類、海帶、魚漿甚至堅果類。因此，舉凡製作各式醬料、水餃餡、肉

圖5-8　食物攪拌機

圖5-9　食物攪拌機內部刀片

餡、肉餅等都相當合適，可說是一台用途非常廣泛的桌上型設備。因為這台設備轉速高、刀鋒銳利，因此配備有安全開關裝置，操作中只要上蓋被打開或未蓋妥，或是設備未擺設平穩，都會自動斷電停止動作以避免意外發生。

(七)真空包裝機

真空包裝機（見圖5-10）是為了保護食材不受污染，並且延長食物的保存期限。對於中央廚房或一般餐廳製作的各式半成品，都相當適合利用真空包裝機來封存食物。時下許多茶葉的販售店，也都習慣將客人選購的茶葉以真空包裝機密封，以保持品質穩定。真空包裝乃是將已烹調好或半成品的食物置入塑膠袋子內，放入機器後可自動抽取袋內的空氣直至真空狀態，隨即進行封包的動作。設備上方並設計有一個透明視窗，讓操作人員可以檢視操作狀況。

圖5-10　真空包裝機

(八)絞肉機

對於多數人而言絞肉機是不陌生的桌上型設備，常見於一般傳統市場的肉品攤販桌上。只要將整塊肉放入機器中即可絞成肉泥（見圖5-11）。刀口採可抽換式，操作者可依照所需絞肉的粗細度更換適當的

圖5-11　絞肉機

刀頭。由於操作時肉品的置入口和出口都採開放設計，操作起來格外危險，務必小心使用。新聞報導中對於絞肉機傷人的意外時有所聞，不可不慎！

(九)切片機

　　肉類切片機（見**圖5-12**）常見於市場攤販上、超市、餐廳廚房、火鍋店、炭烤燒肉店等，是一台相當普及的桌上型設備。機器除了有固定式圓形刀片外，導板、拉桿也是關鍵設備。使用時將冷凍或溫體的肉品

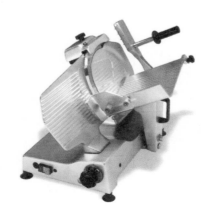

圖5-12　切片機

放在導板上,透過拉著拉桿來回運作,切下厚度一致的肉片。由於刀片無法拆卸,因此在更換不同食材進行切片前,務必要做完整的清潔和消毒,操作人員必須接受過完整的訓練避免誤傷自己。選購刀片時,除了考量圓形刀片的直徑大小是否符合需求之外,也應注意刀片是用來切冷凍肉、溫體肉、起士片或是火腿片,以免誤用刀片造成損壞。

二、工作臺及收納設備

餐廳廚房的工作臺及收納設備可選購現成品,或是依照餐廳的需要及現場的空間量身訂製。(見圖5-13、5-14)主要的考量有:

圖5-13　因功能需求不同而互有差異的各類型工作臺

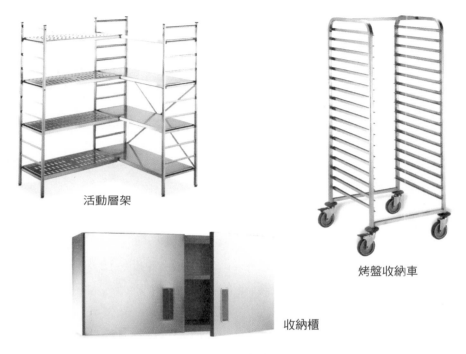

活動層架

烤盤收納車

收納櫃

圖5-14　各類收納櫃

1.穩固不晃動，特別是臺面上要放置攪拌機、切肉機等各項桌上型設備時，絕對穩定的工作臺是必須的。

2.高度的設計應符合人體工學，避免長期使用造成腰部、背部、頸部的工作傷害。如果預先已規劃臺面上將會放置桌上型設備，建議將設備高度一併考量進去，以免將來設備高度過高，影響人員操作的效率及舒適性。

3.材質主流為不鏽鋼臺面，並且盡可能抓出一個略微傾斜的臺面水平讓水快速排洩，避免桌面積水影響工作衛生。此外，轉角應採一體成型，避免兩片銜接點焊造成清潔上的死角。轉角處也應折出一個圓弧的角度較易清洗沖刷。

4.讓工作臺靠著牆面擺設時，背擋板（矮牆設計）可使物品食材水分不致滲流或掉落到牆縫裡。

5.不鏽鋼板厚度必須能有足夠的支撐度，避免過軟而影響工作。

6.抽屜設計必須附有滑輪以方便開關，並須有四十公斤的承重量。

7.水槽採一體成型，轉角圓弧設計以方便刷洗；排水孔配有濾杯。

8.如果採活動輪設計，可隨時移動工作桌，則必須附有煞車裝置。

9.吊櫃、陳列架應留意承重量。轉角焊接處應平滑不割手。吊櫃內的
層板及陳列架的層板都應採可調整高度設計，方便物品放置。

三、冷凍冷藏設備

(一)大型冷凍冷藏庫

　　大型冷凍冷藏庫（Walk In Freezer / Cooler，見圖5-15）的好處就猶如系統家具一般，可以依照廚房規劃的位置及現場空間的大小，在現場建構起一座大型冷凍冷藏設備。其主要的組裝配件，除了天、地、壁面外，室內照明、壓縮機、散熱設備、出風口、冷媒管、門把開關、微電腦控制面板等，都是重要的零組件。其外觀面板多採不鏽鋼板或鹽化鋼板製作，並在中間灌入聚氨基甲酸脂，使其發泡成為一個夾心板狀的庫板，以達到隔溫的目的。

　　此種大型冷凍冷藏庫建置時，應注意以下幾點：

1.地面應平整。

2.若建置於戶外應注意避免日曬雨淋，如有加裝頂棚則應留意其與設
備的間距，避免散熱不佳而影響效率及使用壽命。

3.避免建置在溼度過高的地方，以免造成冷卻器結霜。

4.避免靠近熱食烹飪區或高溫的地方。

5.庫內應有良好的排水性，以因應定期的沖刷消毒。

(二)冰杯機

　　冰杯機的寬度應八十到一百三十九‧五公分、高度八十五公分，深

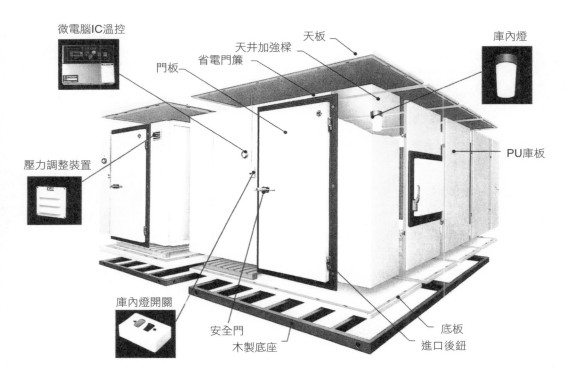

微電腦IC溫控

天板

庫內燈

天井加強樑

門板　省電門簾

壓力調整裝置

PU庫板

庫內燈開關

安全門

木製底座

底板

進口後鈕

圖5-15　大型冷凍冷藏庫

度六十公分，符合餐飲業食品安全管制系統（HAPPC）之標準。（見**圖5-16**）可以直接容納四十公分正方的杯架，方便大量快速地拿取。設有自動除霜裝置，內部層板可自由調整高度以符合各種杯具，冷藏溫度可設定在攝氏三至十度。

(三)立式雙門冰箱

　　立式雙門冰箱的寬度七十三‧七公分、高度一百九十七‧五公分、深度八十一‧五公分，通常可自行選購冷凍或冷藏，亦或上下層分別設定為冷凍及冷藏，方便餐廳自由選擇使用。（見**圖5-17**）此種立式冰箱的壓縮機及散熱設備都建置在機器頂端，因此，要確保上方空氣能自由流通，以利散熱和效率的提升。門片的設計也可選購透明玻璃或是不鏽

圖5-16　冰杯機　　　　　　　　圖5-17　立式雙門冰箱

鋼板面，甚至可選購正面及背面雙向都有門板，以方便工作人員可由兩邊開關冰箱。

(四)桌上型調理盒冰箱

　　桌上型調理盒冰箱這種小型冷藏設備可自由移動，故可擺放於工作臺上，對於外燴等活動而言是個好幫手。（見圖5-18）桌上型的寬度九十八至一百八十六‧二公分、深度三十七‧五公分、高度二十四‧一公分，需使用二百二十伏特電壓。外型採堅固的不鏽鋼外觀，底部有防滑橡膠墊以避免晃動移位，內部則可以容納1/6、1/3及1/1調理盆。對於食材的衛生保存有相當大的助益。

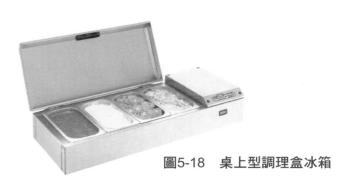

圖5-18　桌上型調理盒冰箱

(五)食物冷藏切配臺

　　食物冷藏切配臺或稱為臥式工作臺冰箱。（見**圖5-19**）寬度一百八十一‧五公分、深度七十六公分、高度一百〇五公分、工作臺高度八十五‧五公分。下方除保留一部分空間為主機體、散熱設備以及微電腦控制面板外，其餘主要空間為冷藏儲存空間。上方的調理盒底部與內部的冷藏空間相通，因此，調理盒仍可以得到冷藏的效果。此種設備的設計非常適合三明治、薄餅、沙拉及甜點工作臺使用。

圖5-19　食物冷藏切配臺

(六)熱廚爐具下方冷藏冰箱

　　置於熱廚爐具下方的冷藏冰箱寬一百三十四‧九公分、深度七十七‧三公分、高度五十四‧六公分。（見**圖5-20**）此款冷藏冰箱附有四格抽屜，因為其設計上可以在上方擺設炭烤等熱食烹飪設備，在重量承受度以及不鏽鋼板之選用都是經過特別的挑選。此外，鋼板內部也特別加強隔溫設備，避免上方的熱源與下方的冷藏功率相互抵銷，形成能源浪費。

圖5-20　熱廚爐具下方冷藏冰箱

(七)工作臺冰箱

　　工作臺冰箱是最常見的廚房冷凍冷藏設備（見**圖5-21**），所需空間小且保留完整臺面供工作人員自由使用。不論是食材的儲存或拿取都相當方便。選購時也可以有冷凍冷藏的選擇。高度八十五公分、深度七十五公分的標準設計符合國人的身材，寬度則可以依照廚房的實際空間選購適合的尺寸，甚至可以訂作工作臺冰箱讓廚房空間發揮到最大效益。門板亦有不鏽鋼板及透明玻璃兩種款式可選擇。

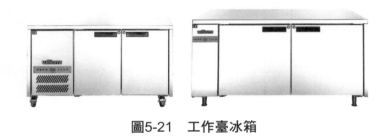

圖5-21　工作臺冰箱

四、烤箱設備

(一)蒸氣烤箱

　　就烤箱的單純功能而言，**圖5-22**這台蒸氣烤箱可說是烤箱的一項重要革命性發明，它顛覆了過去烤箱僅限於熱烤、烘烤的功能，此種機型加入了水氣讓食材烹煮有了更多的變化，可說是一台多功能型的烘烤設備，近年來廣為餐飲業界所用。

　　蒸氣烤箱的烹調方式極為多樣，可以是濕熱方式的蒸烤、蒸煮，乾熱方式的烘烤，也可以是低溫的烘焙或蒸煮。尤其因為導入了蒸氣水分可以進行蒸烤的方式，對於海鮮魚類的美味和湯汁的保存，有非常好的效果。烤箱外簡單的微電腦控制面板，可以輕易的操作煮、烘烤、蒸烤、解凍、熬煮、再加熱甚至真空調理。此種烤箱配備有食物感溫棒，

圖5-22　蒸氣烤箱

圖5-23　蒸氣烤箱配備之食物感溫棒

圖5-24　蒸氣烤箱附設之水管噴槍

可以確實掌握食物的溫度與生熟度（見**圖5-23**）。此外，蒸氣烤箱設備通常會附有水管噴槍可進行內部沖洗（見**圖5-24**），而機器本身之設計也有自動清洗的功能，使用相當方便，並且能有效杜絕食物的交叉污染。有些機型甚至還配有自動偵測檢查的裝置，可說是一台相當智慧型

的烹飪設備。

(二)旋轉烤箱

　　旋轉烤箱顧名思義就是內部採用會旋轉的烤架。（見圖5-25）烤箱內部有很多根烤肉叉，方便將全雞或鴨直接用烤肉叉串過去，當烤箱啟動後可以自動的在烤箱內部旋轉，而熱源通常來自烤箱的下方或後方。因為不斷旋轉的關係，烤箱內部的食物都能均勻的受熱。此外，也可以搭配吊籃掛在烤肉叉上，然後在吊籃裡擺上肉塊，甚至是海鮮、香腸或肋排等各類食物進行烘烤，有點像是摩天輪的原理。

　　旋轉烤箱可以使用瓦斯、電、木炭或木材來當作熱源，有些烤箱甚至可以兩種熱源並用，例如電力加上木材既能兼顧烘烤的效率和溫度的穩定性，也能讓食物多了木頭的自然香味。這樣的作法搭配開放式的廚房以及烤箱擺設在超級市場或是餐廳，對客人來說有相當大的吸引力！像是美國著名的烤雞餐廳Kenny Rogers及Boston Chicken都是如此，早年臺灣的香雞城或是現在許多大賣場內，也都採用這種烘烤箱現場烘烤來吸引買氣。

220V／20A（安培）
W82×D67×H85cm

圖5-25　旋轉烤箱

(三)履帶式烤箱

履帶式烤箱（見圖5-26）多半採用電力為熱源。烤箱設計的最大特點就是確實掌握了食物在烤箱的時間。一般來說，普通烤箱多備有定時器作為提醒，但是時間到了之後，如果沒能及時將食物從烤箱中取出，就算烤箱熱源已經關閉，其殘餘的環境溫度仍對食物有烘烤加熱的效果；反之，履帶式烤箱因為有移動式的輸送帶，當食物進入烤箱後就會緩緩的前進，最後由烤箱的另一端被送出，確實掌握了烘烤的時間。

操作人員透過面板操作來設定履帶行走的速度，便決定了烘烤的時間。至於在加熱的效果上，除了採用電熱方式之外，通常還配備強力的風扇，使烤箱內部形成一股強力的熱氣旋，如此可以縮短食物烘烤的時數，並且兼顧烤箱內部整體溫度的均勻度。此種烤箱常見於披薩餐廳，有些早餐店也會採購小型履帶式烤箱來烤土司麵包。

圖5-26　履帶式烤箱

(四)爐灶下烤箱

爐灶下烤箱顧名思義就是將烤箱設置在熱灶區的瓦斯爐或電爐甚至油炸鍋下方，這在西式的廚房是非常普遍的設計。（見圖5-27）例如在上方的瓦斯爐上用煎鍋將牛排或其他肉類外表煎熟後，可以直接打開下方的烤箱，連肉帶鍋的一起送進烤箱將肉烤到需要的程度再取出，所以在工作動線上再恰當不過了。在選購此類爐灶下方烤箱時要注意到以下

圖5-27　爐灶下烤箱

幾個要素：

1. 可以選購有透明玻璃視窗的烤箱並附有內部照明，方便從烤箱外觀察而不需要頻繁開關烤箱門。
2. 烤箱的腳可以進行微調，以適應廚房地板為方便排水而設計的坡度，讓烤箱既可穩固，又可以維持上方臺面水平，如此才能平穩地架上瓦斯爐等設備。
3. 內部底板與壁面無死角，方便清潔，並且容易排出水分。下方最好配備有接油盤以方便清洗。
4. 烤箱門的鉸鏈必須強固，當烤箱門打開放平和烤箱底盤在一平面時，可以將食物或烤盆直接擺放在門板上再順勢推入，較不會發生燙傷的意外事故。因此，烤箱門的承重度就顯得非常重要，通常要有二百磅重的安全承重度。

(五)對流烤箱

　　對流烤箱（見圖5-28）可說是所有烤箱中的基本款，可以選擇瓦斯或電力作為熱源。一般來說，用電力作為熱源，烤出來的肉品較能夠保有水分肉汁，如果採用瓦斯為熱源，則應注意廢氣的排放，以免發生危

圖5-28　對流烤箱

險。烤箱本身設有定時、溫控及內部照明，烤箱內部則配備有風扇，幫助熱風在烤箱內部做有效率的循環，使內部溫度得以穩定平均。也因為它內部溫度穩定均勻的關係，所以可以在較小的內部空間裡放入較多的食物，在空間效率上相對較高，同時也能夠節省二十五到三十五分鐘的烘烤時間。

　　通常使用這種烤箱時會搭配烤盤或烤肉架，讓食物的外圍都能接觸到熱風，比較能夠均勻地受熱。

五、中式爐具

　　中式的炒爐看來都很相似，但是在臺面的配置上除了兩個炒爐之外，其他例如水龍頭、水盆、小爐頭則有不同的安排方式。這純粹是因應地方料理特色的不同以及炒菜師傅的便利性所發展出來的。大致可分為潮州式（見圖5-29）、上海式（見圖5-30）、廣東式（見圖5-31）。

　　另外，針對大型的工廠、學校或中央廚房所設計的大型炒爐（見圖5-32），除了設計上僅配有水龍頭及兩個大型灶口（直徑九十公分）之外，並沒有太多的不同。

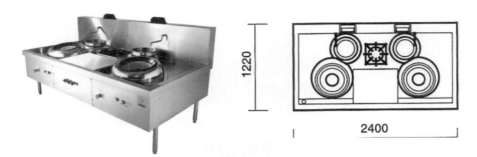

圖5-29　潮州式爐具及其平面圖

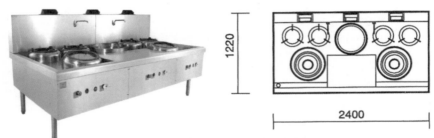

圖5-30　上海式爐具及其平面圖

圖5-31　廣東式爐具及其平面圖

圖5-32　中式大型炒爐

(一)中式蒸爐

中式蒸爐（見**圖**5-33）在多數的中式及日式餐廳都很常見，多採瓦斯為熱源，並且和炒爐相似，都配備有鼓風機讓火力能夠更為強勁有效率。其和西式蒸爐不同的是，西式蒸爐可分為高壓蒸爐、低壓蒸爐及無壓力蒸爐，而中式的蒸爐則都設計為無壓力蒸爐。相較於有加壓蒸氣的蒸爐而言，中式蒸爐顯得較為安全也比較適合中式料理。無壓力蒸爐的好處有：

1. 未經訓練的人員，使用無壓力蒸爐比使用其他設備較不易發生意外。
2. 如果食物在蒸煮過程中需要打開蒸爐檢視或調味，都可以隨時打開爐門。
3. 與高湯鍋或烤箱比起來，蒸煮的方式更為有效率。

選購中式蒸爐時可以另外選購蒸籠座、七孔板（供蒸氣由下方水面釋出）、蒸籠和蒸籠蓋（可選購傳統木質或不鏽鋼材質）及飯盆。

圖5-33　中式蒸爐

(二)中式蒸櫃

中式蒸櫃（見**圖**5-34）的作用原理及功能都與中式蒸爐近似。但因為不須另行使用蒸籠，改採櫃子的型式設計，蒸櫃內有多層層架可同時

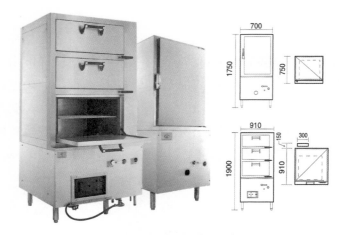

圖5-34　中式蒸櫃

蒸煮大量食物。此外，因為蒸櫃有櫃門可以關閉，蒸氣不易洩出，所以在蒸煮的效率上更好，很適合中式海鮮餐廳使用。缺點是它無法像蒸爐一樣上方可以堆疊多層的蒸籠，在蒸煮的數量上略遜於蒸爐。

(三)中式腸粉爐

　　中式腸粉爐顧名思義就是針對港式腸粉所製作的蒸煮設備，規格尺寸和能源使用與一般蒸爐並無不同，只是在蒸鍋的設計上為長方形並且深度較淺。（如圖5-35）

圖5-35　中式腸粉爐

(四)平頭爐

　　平頭爐和一般中式炒爐不同的是沒有鼓風馬達的設計，因此在火力的表現上顯得溫和許多，整體的感覺和西式的爐具非常近似。（見圖5-36）在中式餐點上通常像是港式煲類，或是熬煮醬汁、湯類等需要文火慢燉的食物就會選擇平頭爐來做烹煮的設備，操作起來簡易並配有小母火。

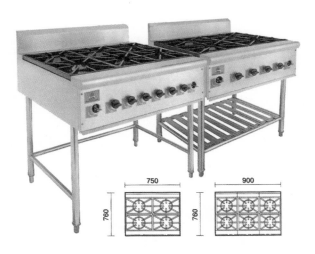

圖5-36　　平頭爐

(五)矮湯爐

　　顧名思義矮湯爐在設計上最大的特色就是矮！（見圖5-37）相較於一般的工作臺或爐臺大約為八十一公分左右，適合一般東方人的身材，但是矮湯爐因為考量到舀湯的適手性以及大湯爐的重量可能造成的危險，因此在設計上矮湯爐的高度只有五十公分，並且在不鏽鋼骨架上也會比較考量到承載重量的所需，配備強度較高的骨架。同時，為方便加水到湯鍋內，通常矮湯爐擺放的地方也會就近配置水龍頭，可直接注水到矮湯爐上的湯鍋中，提高工作上的效率及安全性。

圖5-37　矮湯爐

(六)烤鴨爐

　　直徑達八十一公分、高度一百五十公分的烤鴨爐採用瓦斯為熱源。整體造型為了可以容納多隻全鴨同時進入吊掛烘烤，因此在烤爐本身的體積上較為笨重龐大，烤爐人員在吊掛鴨隻進入烤爐時通常會需要小板凳墊腳以方便作業。（見圖5-38）

圖5-38　烤鴨爐

(七)烤豬爐

　　寬度六十二公分、長度一百一十公分、高度六十公分的烤豬爐是針對港式烤乳豬料理所設計的。（見**圖5-39**）寬度與長度可以容納一整隻被烤架串過平整的乳豬在烤爐上翻轉烘烤。爐頭上方設計了一個小凹槽，可以將烤架跨上去，以節省人力。烤爐淨重達二百五十公斤，採瓦斯為熱源，每小時可以提供一千瓦的熱量。

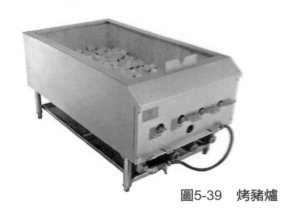

圖5-39　烤豬爐

六、西式煮鍋

(一)萬能旋轉鍋

　　萬能旋轉鍋全機以不鏽鋼材質設計，外觀平滑易於清洗並且有抗菌處理表面。（見**圖5-40**）內鍋容量達六十公升，是一台非常多功能的西式煮鍋。可以用來加水之後水煮食物、燉煮蔬菜或肉類，甚至可以添加炸油後作為油炸爐使用，以及直接將內鍋當作煎板使用，可煎炒食物如牛排、煎蛋、培根等。此款主鍋可選購瓦斯或電力為熱源，並且設有溫控開關及內部直接注水的功能（需連接水源管線）。此外還設有一個旋轉把手，可以輕易透過操作旋轉把手而將內鍋提起，方便將燉煮好的食物或要倒掉的煮水輕易排出。

圖5-40　萬能旋轉鍋

(二)壓力蒸氣鍋

　　壓力蒸氣鍋（見圖5-41）的發明可說是各式蒸煮設備的一大改革，它主要是利用電源為熱源，將熱水加熱至沸騰後轉為蒸氣，再利用蒸氣作為熱源來烹煮食物。蒸氣鍋的構造就像是一個兩層鍋，內層是一個半球狀的內鍋，它被密封焊接在外鍋裡，內、外兩個鍋中間並且保留了約二英寸的間隙。而水被加熱沸騰轉為蒸氣後，就會被傳導到這僅有二英

圖5-41　壓力蒸氣鍋

寸的間隙中，並且隨著蒸氣不斷地導入而形成高壓的蒸氣環境，使溫度提升加速烹煮的效率。

由於是採用蒸氣為熱源，最大的好處是內鍋受熱均勻且快速，不容易產生食物在內鍋上燒焦的情況，減少了清洗鍋具的時間與人力。蒸氣鍋無法進行食物的烘烤，也無法將食物煮成燒烤微焦的表面，比較適合快速水煮或是慢火燉煮的形式。

為了節約電能，在烹煮時可以盡量蓋上上蓋避免熱氣流失，減少蒸氣的外洩。蒸氣鍋下方配有一個洩水閥，可以先將鍋內煮好的食物撈出後，將剩下的湯汁直接排放出來，清洗時也可以善加利用洩水閥。另有一種蒸氣鍋的設計則類似萬能旋轉蒸氣鍋的方式（見圖5-42），省去的洩水閥改採傾倒式的方式將食物倒出。選購此款設備，建議下方直接設有排水口，傾倒時由於湯汁食物滾燙應特別小心操作。

圖5-42　萬能旋轉蒸氣鍋

(三)義式煮麵機

義式煮麵機（見圖5-43）同樣可以選擇以電力或瓦斯為熱源，內部建構為兩個水槽（分別為二十四‧五及四十公升，見圖5-44），方便同時架上多個煮麵杓。兩個水槽各配有獨立的溫控開關。穩定的能源提

圖5-43　義式煮麵機　　　圖5-44　義式煮麵機內建之水槽

供，讓水能保持在所需的溫度，不因麵條的大量置入而讓煮水過度冷卻，此為本機的特色，如此才能確保麵條的品質及口感。

七、西式爐具

(一)煎板爐

煎板爐（見圖5-45）的設計日新月異，主要的改良重點是在煎板本

(a)落地型煎板爐　　　　　　(b)桌上型煎板爐

圖5-45　煎板爐

身，除了有傳統光滑平板的煎板之外，也有廠商開發菱紋表面的煎板，讓煎過的食物看起來有類似炭烤的視覺效果。同時，現今的煎板也多半有表面處理，不易產生燒焦後難洗的焦痕，所需用油也比較少。

　　煎板爐同樣可選擇電力或瓦斯為熱源。煎板爐後背及兩側可以搭配矮牆，避免油汁噴濺到旁邊。配備有兩個溫控開關，可視需要做不同區域的溫度設定以方便操作人員使用。

(二)電磁爐

　　電磁爐常見於一般家庭或是火鍋餐廳，以電源為熱源。（見圖5-46）好處是方便清潔且表面不產生熱溫，即使一般消費者自行操作使用也不易燙傷。溫控除了設有微電腦進階式的設定外另有保溫功能，使用起來相當的方便。

31.5×31.5×6.2cm
110V／60Hz
1,200W

圖5-46　電磁爐

(三)紅外線電熱爐

　　紅外線電熱爐採用電源為熱能並搭配表面厚達〇‧六公分的耐熱板，裡面則布建了高效能的電熱絲，發熱時呈現紅色炙熱的狀態（見圖5-47）。為能滿足基礎的烹飪需求，耗電量不低，通常選用這種烹煮設備的原因，多是礙於餐廳所在位置的大廈或樓層的消防法規或大廈內部管理條例限制不得有明火產生，所以選用紅外線電熱爐作為替代。

圖5-47　紅外線電熱爐及其表面之耐熱板

(四)炭烤爐

　　炭烤爐為西式餐廳與牛排館的必要配備，主要的功能是將各式肉類（如牛、羊、雞排）甚至魚排等海鮮及蔬菜（如瓜類或彩椒），以炭烤的方式烹煮。（見圖5-48）辨識炭烤爐最容易的方法就是它表面上有一根根的鑄鐵（見圖5-49）。如圖5-49中的左圖為一般正常的炭烤架，適合肉品排類的炭烤，也可以挪出爐面上一部分的空間選購如右圖的炭烤架，因其套痕較寬適合海鮮類炭烤所使用。炭烤食物除了焦香的味道令人垂涎之外，也能藉由食物被炭烤爐所烙印上的烙痕來增添賣相（見圖

圖5-48　炭烤爐

圖5-49　不同烙痕的炭烤架

5-50）。烤架下方並配備有抽屜，方便置放烤肉夾或清潔烤架的鐵刷等
用具（見**圖5-51**）

圖5-50　炭烤爐的烙痕增添了食物的賣相　　圖5-51　炭烤爐配備之抽屜

(五)瓦斯爐

　　瓦斯爐是廚房必備的烹飪設備之一。（見**圖5-52**）結構原理及構造
和一般家庭用瓦斯爐具一樣簡單，並無太大不同。主要差別是在於表面
設計較符合餐廳重度用量，並且在表面的抗菌處理及材質選擇上以耐
用、方便清洗為訴求。一般可選購單口、兩口、四口、六口甚至八口爐
頭，每具爐頭旁都配有母火方便使用。爐具下方可依需求選購附有烤
箱的瓦斯爐具，方便烹飪手續可就近完成（參閱前述爐灶下烤箱，見第
一百六十五頁）。

圖5-52　瓦斯爐

(六)明火烤箱

　　明火烤箱採電力為熱源，電熱設備配置在明火烤箱的上半部，而下半部為放置食物的平臺。（見圖5-53）其中上半部的主要電熱設備採可調整高度的設計，將食物擺上後，可依照需求將上半部的高度降低，使熱源更貼近食物以增加效率。這項設備最大不同的特色，在於它是採壁掛式的設計，而非一般設備採桌上型或落地式。其主要功能是將起士

圖5-53　明火烤箱

融化，例如將煎好的漢堡肉再鋪上一整片起士，然後放在明火烤箱下烘烤，讓起士片在短時間內融化，隨即可以將肉片和起士片夾入漢堡麵包內搭配其他蔬菜或佐料即可出菜。也有些餐廳廚房在餐點出菜前再做最後的增溫，使表皮更增酥脆並使食物溫度不致冷掉。

八、油炸爐具

(一)傳統油炸機

　　油炸機可以選擇以瓦斯或電力為熱源，尺寸容量非常多樣化，小型的有如本書頁面大小，常用於早餐店少量油炸。大型的爐具甚至配有兩個油炸槽來應付大量的營業使用（如速食店），其設計上可分為桌上型及落地型兩種（見**圖**5-54），業者可依照自身營運上的需求及空間選購適當的機型。現今因為各項食材成本不斷上漲，炸油用量也變得更謹慎，因此油炸槽的內部設計也做了改良，將底部窄化並且將省下來的空間改成加熱管，讓油炸爐能夠更有效率，避免炸油溫度降低。同時底部

(a)桌上型油炸機　　　　　　　(b)落地型油炸機

圖5-54　傳統油炸機

(a)底部窄化的油炸槽

(b)油炸槽中加裝加熱管

圖5-55　改良過的油炸槽

窄化後也能省下更多的炸油（見圖5-55）。至於油炸籃的選擇可以依照餐廳油炸的餐點作為考量，少量多樣的油炸食物可以選擇小容量的油炸籃，以方便區分，同時也因為各種食物所需的油炸時間不同，小容量油炸籃方便不同時間點從油炸爐中取出。反之，對於單項且多量的油炸食物，選購大容量的油炸籃較為方便使用（見圖5-56），並且因為內部容量大，食物在油炸籃中受熱也較均勻，可提升品質穩定度。此外，餐廳業者可視需要添購濾油設備，透過濾紙、食品級的濾粉及專用的過濾器材可以延長炸油的使用壽命。

圖5-56　常見的油炸籃

(二)壓力式炸鍋

壓力式炸鍋外型上最大的不同就是上方多了個壓力鍋蓋。（見圖 5-57）當油炸爐呈現密閉的狀態，並且持續加熱直到油鍋沸點時，即會產生水蒸氣及壓力。當壓力變大時溫度也隨之增高，對於油炸食物能產生更高的效率。但是於使用時，操作人員必須經過事前的訓練以避免發生危險。

圖5-57 壓力式炸鍋

(三)油水混合油炸爐

油水混合油炸爐（見圖5-58）為最新被廠商設計開發出來的產品。其最大的特色就是在油炸鍋內除了倒入炸油也倒入清水，再藉由油水比重的不同使油水自然分離，讓清水沉入槽中的底部，炸油則自然浮在水的上方。如此最大的好處是省下了大量被倒入炸鍋中使用的炸油，在現今炸油價格不斷上漲的時期，對於炸油用量大的餐廳而言可以省下大量的成本。當油炸鍋加熱時，因為加熱管設置在炸油的水位高度，讓炸油能很快地提升到所需要的溫度，而下方的清水則約略保持在四十度的低溫。圖5-59則可清楚看到油槽底部的清水。

圖5-58　油水混合油炸爐

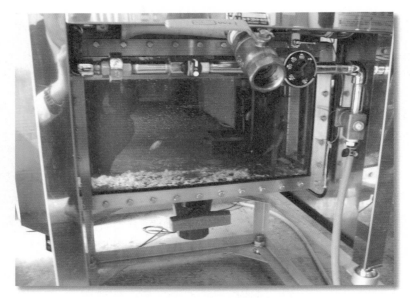

圖5-59　油槽底部以清水取代炸油

　　此款的設計除了可以大量節省炸油的用量之外，同時對於廢油的產生也達到減量的功效。再者，油炸過程中所產生的油渣、麵粉渣或食物殘渣，也都會自然地被溫度較低的清水吸引到油槽底部。讓炸油能保持清潔乾淨，並進而延長炸油使用的壽命。從**圖**5-60可以清楚看出油炸槽內上方為炸油下方則為清水，而沉積在底部的白色物品則為油炸過程產生的油渣或麵糊。

　　油炸機內部設有兩個不同水位的洩閥開關，最底下的洩閥可以優先將水及殘渣排出，而中間高度的洩閥則可以洩出炸油，讓清水仍保持在油炸槽中。對於換油、換水或是做槽內清潔都相當的方便。

註：此張圖片為設備廠商的展示機，為強調油炸爐運作中下方的清水仍保持低
　　溫，所以放進了幾隻小魚作為噱頭以吸引目光，純屬廣告效果！

圖5-60　油水分離的展示機

第三節　各類常見的廚房器具介紹

　　工欲善其事，必先利其器。廚房對於餐廳而言，雖然不能算是一個業務單位，只能依照外場所傳達進來的指令進行生產的工作，提供令顧客滿意的餐點。因此，提高廚房的效能，使生產更具效率，就成為廚房工作很重要的一項課題。

　　除了各項設備的選購、廚房動線的妥善安排之外，各式各樣的刀具、器皿，以及烹調過程中所需要的各式器具，都與廚師的工作效率緊密相關。不妥善或不充足的器具和刀具，只會讓廚師工作起來不順手，可能造成進度變緩甚至引發不必要的負面情緒。以下僅就中西餐廚房常見且通用的各式器具做圖文的介紹，希望讀者能夠對與廚師每天工作相伴的各項工具有初步的認識。

商品	名稱	規格	說明
	美製S/S調理盆	1/2 325×264×102mm	美規不鏽鋼調理盆1/2尺寸附蓋。調理盆可依據其容量分為1/1、1/2、1/3、1/6及1/9，廚師可以依照其工作站上的需求自由組合，並可搭配工作臺冰箱或熱水保溫臺，直接進行保冷或保溫。
	進口S/S調理盆用蓋	1/2	
	美製SA S/S調理盆	1/6 175×162×150mm	美規不鏽鋼調理盆1/6尺寸附蓋。
	美製SA S/S調理盆用蓋	1/6 175×162mm	
	S/S含木湯杓（大）	§9.5×L31cm	木柄不鏽鋼湯杓。
	鋁製肉錘	L25×W6.8cm	可以用來搥里肌肉使纖維斷裂，避免在加熱烹煮的過程中纖維過於收縮造成肉質過硬。

商品	名稱	規格	說明
	S/S月牙盒（小）	L37×W11×H9cm	通常用於廣式燒臘餐廳，將剁下無用的骨頭或碎渣直接撥入盒中。
	港製腰子型菜蓋	7.5"×5"×2"(19cm)	可保溫或烹煮時加蓋悶煮。
	鋁單手鍋	9"(∮23.5×H11×L44cm)	通常用於調製醬料，又稱醬料鍋或Sauce鍋，是西式廚房非常廣用的鍋具之一。品質好的醬料鍋底部會加厚處理，使溫度不致上升過快而影響菜餚品質，可用來調理各式醬料及湯品。
	日製鐵板燒刀子（口金）	刀L21cm 全長L34cm	鐵板燒師父用刀具，造型美觀好握且用途廣泛，適合開放式廚房的廚師及鐵板燒料理師父選用。
	日製S/S調味盒	33×28.5×H6cm	多格調味盒，適用於廚房炒爐邊，方便廚師取用。
	日製鐵板燒平鏟	L30×W12cm	鐵板燒師父用平鏟，透過兩手各持一支平鏟，可快速地在鐵板臺上翻炒食物。
	日製平面削菜機	大 34.5×13×3cm	簡易型蔬果削片器。
	日製營業斜孔杓	W10.5×L30.5cm	多孔湯杓適用於羹湯撈料用。
	德製Silit濾網杓／淺／圓孔	12cm	
	日製一角刻花刀（大）	12cm	蔬果雕花用刀。

商品	名稱	規格	說明
	鷹牌葡萄柚刀	16cm	葡萄柚用刀，刀鋒弧度特別，雙面鋸齒。
	日製正廣雞肉刀	18cm	雞肉切刀，刀柄與刀體都短而厚實。
	上海瓢（特大）	W14.5×L49cm	柄特長用於大湯鍋。
	西德量杯	500cc.	廚房通用量杯，對於要求標準化的餐廳，量杯、磅秤是必要的工具。
	西德量杯	1L	
	桌上型臺式傳統秤	1kg	中式傳統秤，單位有公斤／台斤／兩。
	桌上型電子秤	市面上有許多種規格可供選擇。主要的區分為最大承重量。	可隨意切換單位並歸零，以扣除容器重量。
	有線分離式電子秤		重量容易讀取，不容易受潮或碰撞，讀表可附掛於牆上。
	桌上型傳統秤（刻度轉盤可旋轉）		西式傳統磅秤，刻度轉盤可以旋轉以扣除容器重量，單位有磅／盎司。

商品	名稱	規格	說明
	桌上型傳統秤	市面上有許多種規格可選擇。主要的區分為最大承重量。	通用型單位有公斤、公克、磅、盎司，使用簡單價格也便宜，缺點是壽命短、準確度低。
	落地型電子秤	110V最大承重量140kg	通常擺放於進貨入口，驗收採購商品重量，可變換單位並歸零，以扣除容器重量。
	日製S/S漢堡煎鏟（大）	L26.2×W12cm	漢堡煎鏟，鏟與柄的彎弧稍大。
	瓷製雙耳田螺皿（咖啡）（白）	6孔	焗田螺專用烤皿。
	S/S膠柄波浪刀	L15.5×W8.4cm	可用於切起司片、豆腐或魚板造型用。
	木柄雙鉤（長）	L51.5×W4cm	可深入烤爐調整食品位置或拿取。
	竹鍋刷（港製／斜）	§4×L28.5cm／大	中式炒鍋用木刷。
	不沾鍋平底鍋	12"	西式通用煎炒鍋，有多種尺寸可選擇。
	日製正廣全鋼生魚片刀	240mm	生魚片刀，刀體薄長。

商品	名稱	規格	說明
	鋼刷／劍型鋼刷	23.5cm	用於刷除炭烤爐上肉末積炭殘渣等。
	虎劍雙面磨刀石（上）	L20.7×W5.2×H3cm	各型磨刀石。
	黑金剛磨刀石（下）	雙面	
	竹製蒸籠蓋／1尺	10寸×2.2寸 §30×H6.6cm	中式蒸籠用途廣泛。
	竹製蒸籠／1尺	10寸×2寸	
	竹餡匙	22.5cm	包製餛飩、水餃鍋貼時，用於瓢取肉餡。
	山橋牛刀	300mm	切牛肉用刀。
	青龍魯肉刀（坎刀）	L18×W9cm	適合剁肉排或帶骨的部位。刀片本身厚重，能產生足夠的力道。
	DICK骨刀	7"(18CM)	適合剁大骨用刀，刀片設計厚實把手角度也與一般刀具略有不同，方便施力剁骨。
	日製鐵板燒叉子	叉L16cm 全長L30.5cm	鐵板燒師父用叉，也可當烤肉叉用。用於叉住大塊肉，幫助轉向或協助固定以方便切割。

商品	名稱	規格	說明
	白鐵針車輪	197×131×46mm	可用於滾過披薩皮或其他需要打孔的麵餅上。
	S/S胡椒罐（大）密孔	§7×H13cm	廚房用各式調味罐，依照烹調時所需的用量選擇孔徑的大小及數目的多寡。
	S/S胡椒罐（中）密孔	§7×H9.5cm	
	S/S調味罐（大）三用	§7×H9.5cm	
	港製S/S香港油壺（三角嘴）	§7.5cm×W11×H13cm	可用來盛裝沙拉油、香油或其他醬液，如醬油或醋。
	ECF鋸齒片刀（Victor）	36cm	適合鋸麵包用，鋸齒可使切面平整美觀。
	港製圓型針插（燒肉用刺）		烤肉前用針插戳一戳，目的是使肉更容易醃漬入味，並且斷筋，較不容易在烤肉時造成肉塊收縮。
	港製正陳枝記S/S片刀（片肉）	2號(W12×L23cm)	適合用於切薄肉片。
	美製方型保鮮盒	8QT 222×211×222mm	適用於冰存湯品或醬汁，也可作為醃漬用。
	義製PDN紗網濾湯器	24cm	熬煮高湯過濾肉渣菜末用。
	義製PDN大蒜擠壓器	§2.5cm	可快速將大蒜擠成碎末。

商品	名稱	規格	說明
	義製PDN切麵機	30×22×H25	麵團整型後送入可切成麵條。
	義製PDN蔬菜切片器	36×12×H28cm	蔬果切片用。
	ECF木製攪拌匙	35cm	可用於煎炒時之攪拌用，或用於冷食，如製作生菜沙拉醬使用。
	義製PDNS/S鏟（ABS把手）	L15×9cm (L27)	各式煎鏟。
	鷹牌煎匙／細長型	26cm	
	S/S海苔保溫箱／插電、下燈式	23×14×H14cm（半張）	日本料理店常用的海苔保溫箱，可保持海苔乾燥不黏手。
	手搖削菜機	27.2×11.7×16.5cm	可將蔬果固定於機上，手搖把柄則可將之切成片狀。
	鷹牌鮭魚刀（木柄）	30cm	刀體薄長，可用於切生魚片。
	鷹牌牛排刀（木柄）	25cm	適用於切割烤過的大塊肉排。
	ECF進口廚用刀	25cm	廚房廣泛使用的刀具，適用於各式蔬菜肉類但不適合用於過硬的骨頭。

商品	名稱	規格	說明
	鷹牌美式剝皮刀（木柄）	15cm	特殊弧度設計方便剝取果皮。
	鷹牌起司刀	14cm	用於切割小塊軟質起司，例如 Mozzarella Cheese。此款起司刀提供客人自己使用，前端開叉可直接插起司入口。
	鷹牌牛刀	6"(15cm)	皆可稱為廚師刀，又稱法國刀。是廚房師父最常用的刀具之一，但在刀子的長度仍有多種選擇，多半介於20-30公分。為方便廚師下刀並且省力，刀刃前端多為15度角的設計是此種刀具的特色。
	日製一角刻骨刀（圓）	15cm	
	鷹牌削皮刀（木柄）	12cm	不論刀刃的厚度與長度都比廚師刀來得短薄，方便適應水果或其他根莖植物的角度，削皮時才能兼顧效率及損耗。
	鷹牌起司刀	21cm	用於切割大塊硬質起司，例如 Parmesan Cheese。特殊角度設計，方便廚師施力。
	挖球器（膠柄）	18cm	造型裝飾用，適用於蘋果、哈密瓜或奇異果等水果。
	鷹牌去魚鱗刀	15cm	特殊的造型及刀刃鋸齒設計，方便使用者刮除魚鱗片，同時可利用其開叉的短刀切開魚下巴連結鰓的部位，以利清除裡面不需要的部分。
	電子式計時器		具定時及鬧鈴功能，可進行倒數或計時的模式。
	鷹牌波浪刀（彎柄）	10cm	刀刃成波浪設計，讓切下來的食材呈現波浪狀以增加美感，多用於較硬質的蔬菜、起司、魚板等，特殊的把柄角度則是方便施力所用。

商品	名稱	規格	說明
	日製龍太郎磨刀棒	12"	刀具除了定期以磨刀石磨利之外，工作中仍可利用磨刀棒不定時打磨以維持刀具的利度。
	鷹牌簡式磨刀台	15×H5cm	手動簡易型。
	桌上型電動磨刀台	13.9kg，115V或230V可選購	藍色為ABS材質，可輕易拆卸，方便清洗內部。
	S/S煎包鏟（無孔）	W5×L38cm	適用於將鍋貼或水煎包自鍋中鏟起。
	EBM銅片手鍋（淺型）關東型	15cm(05001)	適用於製作大阪燒。
	EBM銅片手鍋木蓋（05009）	15cm	
	S/S切蔥絲刀	9.3cm	可將青蔥快速切成絲狀。
	EBM擠豆腐條器	W46×D39×L475mm	可將豆腐快速切成細條狀。
	EBM鰻汁注器／4孔（4819500）	全長27cm，40cc.	用於舀取鰻魚汁淋於飯上。

商品	名稱	規格	說明
	義製PDN S/S砧板架	30×26×27.5cm	砧板用立架，方便風乾及取用，各色砧板方便辨別於不同用途。
	ＰＥ營業砧板（黃、藍）	45.5×30×2cm	
	日製木壽司盒	197×117×76mm	用於製作方形壽司的模具。
	麵切杓	8.5×10cm／柄長44.5cm	各型中式煮麵杓。
	義製PDN單手佐料鍋	12×H7cm	通常用於調製醬料，又稱醬料鍋或Sauce鍋。
	義製PDN銅製單手糖鍋	16×H9cm	適合熬煮糖汁成濃稠狀。
	點火槍	18cm	為可重複充填瓦斯設計，點火時可產生母火引燃其他爐具。
	進口S/S調理盆	1/3 321×175×153mm	美規不鏽鋼調理盆1/3及1/9尺寸附蓋。
	進口S/S調理盆用蓋	1/3	
	進口S/S調理盆	1/9 173×105×102mm	
	進口S/S調理盆用蓋	1/9	

商品	名稱	規格	說明
	鐵線條烤盤（原木柄）	23×23cm	簡易型炭烤盤。
	砧板：圓／鐵木（硬質）A級	§45×H9cm	中式切／剁兩用砧板。
	進口雪平鍋（鋁）	18cm／鍋底厚度2mm	鋁鍋導熱快，常用於烹煮烏龍麵。
	日製黑柄圓濾網	18cm	廚房通用型濾網杓。
	日製S/S鐵板燒蓋	30cm	用於煎炒鐵板燒料理時，蓋上燜煮加速食物熟透。
	點火槍	L27.5cm	為可重複充填瓦斯設計，點火時可產生母火引燃其他爐具。
	S/S調理桶（附蓋）	§34×34cm	不論中西餐廳，熬煮湯頭都是重要的工作之一，因為製作量大所需時間也長，因此鍋具本身容量大，且為了避免底部食材燒焦，鍋底通常會有加厚的設計，避免過度高溫，有助於慢火熬煮。
	日製S/S撈麵杓	24cm	多用於撈取煮好的義大利麵條，使用時可以迴旋讓麵條確實掛附在麵杓上以免掉落。
	小圓模（24連）	L365×W265×§25mm	圓模為半球狀設計，適用於製作章魚燒等球狀食物。

商品	名稱	規格	說明
	生蠔刀	12cm	主要是用來撬開生蠔殼之用。
	日製親子鍋／含蓋	18cm	用於烹煮親子丼上的滑蛋。
	進口保溫飯鍋／壽司鍋	無插電／50人份／木紋（SS）	無煮飯功能，僅可保溫用。
	義製PDN研磨器		適用於小型豆類或芝麻研磨入菜。
	港式鍋鏟（長木柄型）	5號	商用炒菜長柄鍋鏟。
	S/S浮油濾杓	§60mm/L255mm	可用於撈取湯汁表層的油脂。
	進口蟹剪	L20.5cm	可以用剪刀修剪掉蟹腳或其他不需要的部位，一長一短的設計讓使用者可以利用較長的那個刀刃挖取蟹肉食用。
	日製龍蝦夾	L14cm	特殊的造型設計，方便施力將龍蝦或蟹殼夾破，以便取肉食用。
	S/S蟹叉（龍蝦叉）	L19.5cm	食用龍蝦或蟹類海鮮時，可提供客人用以挖取蝦蟹肉食用。

商品	名稱	規格	說明
	義製PDN S/S核仁磨粉器	12cm	可將核仁等堅果磨粉入菜。
	義製PDN沙拉攪拌器（蔬菜脫水器）	D33×H43cm/12lt.	將洗淨冰鎮過的生菜放入脫水備用。
	分蛋器	173×70×30mm	可輕易分離蛋白與蛋黃，完整保留蛋黃。
	義製PDN電動攪拌器	0.35kW，230V-50Hz，45L/3.3kg	大型鍋具適用攪拌棒，可幫助打碎蔬果熬煮成湯底。
	美製擠壓罐	12oz 透明（紅、黃）	用於盛裝調味醬液，供廚師隨手擠壓使用。
	拉麵杓（橫）	21cm	日式拉麵杓。
	鋁平底鍋（營業用）	24cm	適用於西式煎炒。
	鮫皮磨泥器	L13.8×W11.4cm	方便研磨各式蔬果成泥。
	韓國防燙鍋夾	（寬平口）	方便取用烏龍麵鍋或韓式烤肉飯鍋等各種燙手小型鍋具。

商品	名稱	規格	說明
	廚房用多功能剪刀	21cm	廚房剪刀主要用於修剪魚鰭、蝦鬚、蝦腳或其他食材上無用之物。剪刀除本身較為粗厚鋒利之外，設計上也方便使用者施力，並且有表面抗菌的功能。
	桌上型電子切片機	12kg，115V或230V可選購	上下刀座可輕鬆拆換，依照需求更換8-16切片，厚度則有1/4"、3/8"、3/16"，多用於切熟肉片或番茄等水果。
	桌上型刀具收納盒	3.2kg	不鏽鋼材質可提供9"或12"刀存放，黑色插口可拆卸，方便清洗及更換不同模組的插口。

商品	名稱	規格	說明
	壁掛式多功能刀具收納盒	6.4kg，115V或230V可選購	採壁掛式設計，刀盒內附有紫外線殺菌及烘乾的功能，紅色插口可拆卸，方便清潔及更換不同模組的插口。
	桌上固定式開罐器	9.5kg	採不鏽鋼材質，齒輪及刀片均可更換並容易拆洗，適用於開大型罐頭。

Chapter 6

廚房規劃

　　廚房的生產管理在餐飲管理中是極重要的組成部分。高水準的餐飲生產反映了餐飲的等級，並可確切呈現其特色。廚房的產能更是影響到整體的經營效益。優質的原物料和精湛的技藝，在具有效率的工作環境下，能夠提升餐飲之營利及降低成本；因此，廚房的規劃設計在營運計畫中必須做非常謹慎的分析，以決定各項細節需求量。

第一節　廚房規劃的目標

　　餐廳業主及經營者常常會有新的構想、理念來規劃廚房的空間，以降低營運成本及提高生產力。但往往須投下大量的資金換取寶貴的經驗，進行多次的修改後方趨於完美。

　　廚房整體的基本成本考量不外乎以下三大要素：

1.工作人員的素質及工作態度（攸關生產力的提升）。
2.完善合理的設備配置及動線規劃（攸關整體效益的提升）。
3.食材購進後的保存及烹飪（攸關餐飲的最終表現）。

　　基於上述要素，在整體廚房的規劃上絕對需要餐廳設計師、廚房設備廠商的廚房規劃人員、業主、主廚或負責籌備的主管等人一起搭配合作完成。廚房的規劃設計要考慮到餐廳料理形式、營業運作的量體、廚房空間大小、餐廳客席規模、營業時間長短及菜單內容等。

　　在目標的籌劃上，大體而言必須能使現場人員擁有最大的方便性，進而提高工作效率加快出菜的速度並兼顧菜色品質。整體而言，其工作流程如圖6-1所述。其確切要項歸納如下：

1.蒐集來自各方人員的意見（設計師、設備廠商、主廚及開店籌備主管）。
2.營業場所中適當的廚房位置（考量現場空間、動線、進貨路徑、相關法規）。

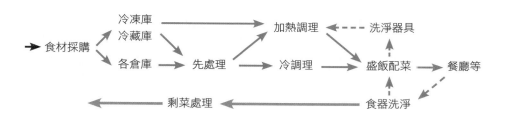

圖6-1 廚房基本作業流程圖

3.合理預算的編列,將錢花在刀口上。

4.生產過程能夠流暢。

5.良好的動線安排。

6.提升工作人員的工作效率。

7.環境衛生良好與安全性。

一、廚房位置的安排

決定廚房的位置是重要的第一步。廚房猶如人類的心臟一樣,維繫著其他各部門的運作。廚房位置的安排會影響到食物品質、來店用餐的顧客數、服務人員的工作效率等,因此位置的安排需要考量到營業場所的順暢運作。

廚房位置從環境觀點來看,通風、採光、排水設施、貨物進出的通行路線,以及設備運作所需周邊用品的置放,皆須慎密考量。如果餐廳是設在百貨公司或賣場,則通常會由賣場預先規劃廚房概略位置,如此每家餐廳的管路(如廢水管、空調、消防等)都能更有效率的規劃。廚房若是要設在地下層,最好限於地下第一層。再者,超過十層樓的地點設置廚房,在「建築法」、「消防法」、「瓦斯事業法」等都有嚴格的特別限制,須特別注意。

二、廚房大小的安排

　　就多數業主的立場而言，多半希望廚房不要占據過多的面積，讓所有的空間都能盡量保留給外場設置座席，以創造更多的業績。然而，內部的環境不僅直接影響工作人員的生活、健康狀態，更影響工作效率和情緒。唯有合理適當的空間能夠兼顧工作人員營運操作、走動，並讓設備能夠有效率的規劃擺放，才是最好的做法。因此，工作環境的面積大小是讓廚房產能效率提升的重要因素。日本對於廚房面積的概算值亦有其相關表格數據，參閱**表6-1**。

　　在國內，廚房的面積大小通常是在廚房設計人員與業主的討論下擬定，再與實際使用者共同討論來做適度的調整。餐廳廚房的面積約為營業場所面積的25%至35%是較為恰當的。

三、廚房氣流的壓力規劃

　　當客人進入餐廳的時候，若在外場聞到內場烹飪的味道，是一種不尊重客人的情況。同時也表示外場的壓力遠低於內場，使得氣流由廚房向

表6-1　廚房面積

廚房種類	廚房面積占比	衛生設施、辦公室、機電室等公共設施	具備條件
學校廚房	0.1米平方／兒童（人）	0.03~0.04米平方／兒童（人）	兒童700~1,000人
學校中央廚房	0.1米平方／兒童（人）	0.05~0.06米平方／兒童（人）	兒童1,000人以上
學校	0.4~0.6米平方／人	0.1~0.12米平方／人	人數700~1,000人
醫院	0.8~1.0米平方／床	0.27~0.3米平方／床	300床以上
小型團膳	0.3米平方／人	3.0~4.0米平方／人	50~100人
工廠	供需場所1/3~1/4	無其他公共設施	100~200人
一般餐館	供需場所1/3	2.0~3.0米平方／人	
咖啡廳	供需場所1/5~1/10	2.0~3.0米平方／人	

外擴散，顯示出廚房的排煙系統必定功效不彰。對於一個餐廳而言，外場的空氣一定要是最乾淨的，因此外場氣流壓力必須一直保持正壓，也就是說：

餐廳外場的氣壓 > 餐廳廚房的氣壓（當開啟廚房門時，外場的乾淨空氣會流入廚房）

餐廳外場的氣壓 > 餐廳外的氣壓（當開啟餐廳大門時，餐廳大門外會感受到冷氣由餐廳往外吹出；室外灰塵也不至於吹入餐廳）

餐廳外場保持正壓如上述狀態會有以下的優點：

1.給予客人涼快舒適的感受。
2.防止灰塵、蚊蟲等小病媒入侵。
3.調節廚房的室內溫度。
4.調節廚房污濁的空氣。

另外，針對空氣流通對於廚房所產生的助益，亦闡述如下：

1.氣體流通：就氣體力學而言，當風速為1m/sec時會使室內溫度下降一度，雖然人們在室內不易感覺出氣體在流動，但實際上適度的風速會使人感到舒適。

2.換氣：由於工作人員的呼吸、流汗，以及工作時所產生的氣味、二氧化碳、熱度和水蒸氣、油煙都會降低廚房的空氣品質，因此必須把這些不好的異味適時地排出，導入新鮮空氣以進行換氣。然而換氣量的多寡會影響到室內溫度、室內溼度、氣流速度、空氣的清潔度。此四項並無特別規定，一般理想環境是在溫度二十至二十五度之間，相對溼度六十五度左右，二氧化碳在0.1%以下。行政院環境保護署對於「室內空氣品質管制」亦有其明文規範（見**表6-2**）。

表6-2　空氣品質

行政院環保署室內空氣品質建議值			
項目	建議值		單位
二氧化碳（CO_2）	8小時值	第1類　600	ppm（體積濃度百萬分之一）
		第2類　1000	
一氧化碳（CO）	8小時值	第1類　2	ppm（體積濃度百萬分之一）
		第2類　9	
甲醛（HCHO）	1小時值	0.1	ppm（體積濃度百萬分之一）
總揮發性有機化合物（TVOC）	1小時值	3	ppm（體積濃度百萬分之一）
細菌（Bacteria）	最高值	第1類　500	CFU/m^3（菌落數／立方公尺）
		第2類　1000	
真菌（Fungi）	最高值	第2類　1000	CFU/m^3（菌落數／立方公尺）
粒徑小於等於10微米（μm）之懸浮微粒（PM_{10}）	24小時值	第1類　60	$\mu g/m^3$（微克／立方公尺）
		第2類　150	
粒徑小於等於2.5微米（μm）之懸浮微粒（$PM_{2.5}$）	24小時值	100	$\mu g/m^3$（微克／立方公尺）
臭氧（O_3）	8小時值	第1類　0.03	ppm（體積濃度百萬分之一）
		第2類　0.05	
溫度（Temperature）	1小時值	第1類　15至28	℃（攝氏）
1. 1小時值：指1小時內各測值之算術平均值或1小時累計採樣之測值。			
2. 8小時值：指連續8個小時各測值之算術平均值或8小時累計採樣測值。			
3. 24小時值：指連續24小時各測值之算術平均值或24小時累計採樣測值。			
4. 最高值：依檢測方法所規範採樣方法之採樣分析值。			
5. 第1類：指對室內空氣品質有特別需求場所，包括學校及教育場所、兒童遊樂場所、醫療場所、老人或殘障照護場所等。			
6. 第2類：指一般大眾聚集的公共場所及辦公大樓，包括營業商場、交易市場、展覽場所、辦公大樓、地下街、大眾運輸工具及車站等室內場所。			

四、其他基本設施

(一)牆壁與天花板

　　廚房的牆壁及天花板甚至門窗，都應該考慮以白色或淺色系的防火防水建材作為材質的選擇依據。表面平滑利於日常的清潔，並且能夠減少油脂和水氣的吸收，有助於使用年限的延長和清潔保養。靠近瓦斯爐、烤爐等高溫火源的位置更應該選擇耐熱防焰材質。

(二)地板

　　廚房全區無論是烹飪區、儲藏室、清潔區、化妝室或更衣室的地板，都應以耐用、無吸附性及容易洗滌的地磚來鋪設，並且搭配適量的排水口，以方便頻繁的沖刷及排水。烹飪區、清潔區的地板更需注意使用不易使人滑倒的材質。容易受到食品濺液或油污污染的區域，其地板應該使用抗油脂材料。此外，工作人員搭配專業的鞋具，安全效果更能夠提升（見圖6-2）。或是也可考慮鋼頭型式的工作鞋，除了兼具防滑、防潑水、抗酸鹼的功能外，對於重物或刀具掉落時也具有保護腳部的作用。

圖6-2　廚師工作鞋

(三)排水

　　廚房地板因為沖刷頻繁的緣故，對於壁面的防水措施和地面排水都要有審慎的規劃。一般來說，壁面的防水措施應達三十公分為宜。如此可以避免因為長期的水分滲透，而導致壁面潮濕或是樓面地板滲水的問題。

　　而廚房的地面水平在鋪設時就應考量到良好的排水性，通常往排水口或排水溝傾斜弧度約在1%（每一百公分長度傾斜一公分）。而排水溝的設置距離牆壁須達三公尺，水溝與水溝間的間距為六公尺。因應設備的位置需求，其排水溝位置若需調整則必須注意其地板坡度的修正，勿因而導致排水不順暢。設備本身下方通常有可調整水平的旋鈕，以因應地板傾斜的問題，讓設備仍能保持水平。

　　排水溝的寬度須達二十公分以上，深度需要十五公分以上，排水溝底部的坡度應在2%至4%。而為了便利清潔排水溝，防止細小殘渣附著殘留，水溝必須以不鏽鋼板材質一體成型的方式製作，並且讓底板與側板間的折角呈現一個半徑五公分的圓弧（見圖6-3）。

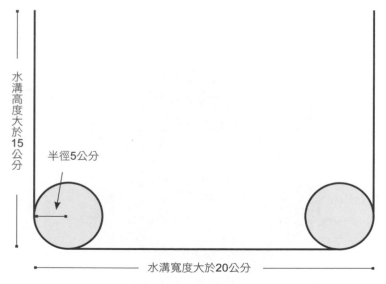

水溝高度大於15公分

半徑5公分

水溝寬度大於20公分

圖6-3　廚房排水溝剖面規格示意圖

同時排水溝的設計應盡量避免過度彎曲，以免影響水流順暢度，排水口應設置防止蟲媒、老鼠的侵入及食品菜渣的流出之設施，如濾網。排水溝末端須設置油脂截油槽，它具有三段式過濾油脂及廢水的處理功能，並要有防止逆流設備。一般而言，排水溝的設計多採開放式朝天溝，並搭配溝蓋避免物品掉落溝中。

(四)採光

廚房是食物製備的場所，需有明淨、光亮的環境才能將食物做最佳的呈現。規劃照明設備時需考量整體的照明及光色效果。光源的顏色（即燈具的色溫）、照明方向、亮度及穩定性，都必須確保工作人員可以清楚的看見食物中有無其他異物混入，以保障用餐客人的飲食安全。足夠的照明設備方能提供足夠的亮度，依據我國「食品良好衛生規範」（Good Hygiene Practice, GHP）規定：「光線應達到一百米燭光以上，工作臺面或調理臺面應保持二百米燭光以上；使用之光源應不致於改變食品之顏色；照明設備應保持清潔，以避免污染食品。」

此外，也建議燈具採用有燈罩的款式，以避免不易清除的油煙污漬附著殘留，這些污漬油煙除了影響照明效果之外，對於燈具的散熱也會產生影響。而熱食烹飪區上方油煙罩內的燈具，也應考慮搭配防爆燈罩，以保護人員及食物的安全。

(五)通風

廚房空間需要有足夠的通風設備，通風排氣口需要有防止蟲媒、鼠媒、污染物進入的措施；同時，通風系統機具的設立須符合政府規定的需求。如有餐廳開設在大樓內部，其廚房內部安裝的瓦斯熱水器需附有強制排氣裝置，同時廢棄排放需導向戶外或與大廈的廢棄排放管連結，以避免因燃燒不完全產生一氧化碳而有憾事發生。

(六)盥洗室

規劃時應設置足夠的盥洗設備，專供工作人員使用。所有的盥洗室均應與調理場所隔離，其化糞池更應距水源二十公尺以上。建構盥洗室所採用的建材應為不透水、易洗、不納垢之材料，門的設計需為自動關閉模式，另需有防止病媒進入措施，還須備有自來水、清潔劑、烘手器或擦手紙等清潔用具。

(七)洗手設備

洗手設備應充足並置於適當位置，一個廚房內可多處設置，方便作業人員在更換不同食材作業或必要時隨時可以洗淨雙手，以避免交叉污染或細菌污染食物。洗手臺所採用的建材應為不透水、易洗、不納垢之材料，例如不鏽鋼；水龍頭應可考慮採用紅外線感應給水方式，避免洗淨的手又因關閉水龍頭而再次遭受污染，同時兼具省水功能。

(八)水源

要有固定的水源與足夠的供水量及儲水設施，並且必須符合飲用水水質標準。水管的材質為無毒建材，蓄水塔須加蓋並定期請專業的水塔清潔公司做清潔消毒。

綜合上述將其歸納出整體的設計流程如下：

1.圖面設計：

(1)確認建築平面圖與現場勘察。

(2)依比例完成初步規劃。

(3)建立設備清單並排定設備擺放位置，繪製平面及立面圖。

(4)業主確認清單項目、擺放位置。

(5)繪製給水、排水、電源、瓦斯、蒸汽位置圖。

(6)繪製給、排風風管走勢圖。

(7)與建築師或室內設計師協調配合。

2.規劃設定：

　(1)國內設備材質及製作規範選定。

　(2)國外設備性能、規格、尺寸、功能選定。

3.工程進度：

　(1)現場尺寸丈量。

　(2)定期參加工地協調會。

　(3)現場放樣。

　(4)確認水、電、瓦斯、蒸汽預留管路。

　(5)勘察設備進場路徑。

　(6)安排設備進場時間。

　(7)設備安裝。

　(8)試車。

　(9)教育訓練，提供操作說明書與技術手冊。

　(10)驗收。

　　另外，工程進度的掌控、餐廳的開幕日、施工期間的各項雜支等，都與整體的成本預算有著莫大的關係。

第二節　廚房布局與生產流程控制

　　合理的廚房布局、優質的食品、高超的烹飪技術在生產中是同等重要的要素。廚房生產的工作流程、生產質量及勞動效率，在很大的程度上會受布局所影響。布局的可行性直接關係工作人員的工作方式與工作量，進而影響工作人員的工作態度，還會關係到部門之間的聯繫及投資費用等。因此廚房的規劃布局需謹慎考量，避免產生流程的不合理和資金的浪費。

一、廚房布局

廚房布局就是根據廚房的建築規模、形式、格局、生產流程以及各部門的作業關係，確定出廚房內各部門的位置以及設備的分布設置。為達到一個合理的布局目的，必須對許多因素詳加考慮。

(一)影響布局的因素

1.廚房的格局與大小：場地的形狀、實用面積大小、隔間。
2.廚房的生產功能：即廚房的生產形式（如中央廚房或團膳廚房），是加工廚房（簡餐或咖啡廳以調理包微波搭配簡易的烹飪）還是烹調廚房（一般餐廳廚房）。不同的生產功能，生產方式也會不同，布局必須與之相容。
3.廚房的生產設備：設備的種類、型號、功能、所需能源均會影響到擺放的位置和占據的面積，攸關廚房的基本格局。
4.公用設施的建構：電路、瓦斯、水線等管道的配置，在整體設備配置時，有效的搭配公用設施的建構，對於成本預算有著極大的影響。目前市面上許多烹飪設備都同時生產瓦斯及電力兩種能源供業主選擇。
5.各項法規的遵循：對於有關食品加工、衛生防疫、消防安全、環境保護等各項法規的瞭解與執行，業者在籌備前可先前往環保署、衛生福利部食品藥物管理署、消防署、營建署等公務單位查詢相關法規。
6.廚房的投資費用：資金的投入需要發揮其效率，攸關的是整體重新的規劃還是既有設備的改造，全套廚房設備的成本應該不超過總投資金額的三分之一。

(二)廚房布局的實施目標

為了確保廚房布局的合理性和科學性，在設計布局上必須由工作人

員、廚房管理者、設備專家、設計師共同研擬決定，以利達到下列目標：

1. 有效的投資，實現最大限度的投資回收。
2. 滿足長遠的生產要求，能夠從全局考慮，對於廚房和餐廳的比例、廚房的格局應需注入未來發展規劃的空間。
3. 生產中的各項流程都應保持順暢，避免有交叉與回流的現象。
4. 部門與設備的配置需以提升工作效率、簡化作業程序為其要項，避免工作人員在生產過程中多餘的行走。
5. 對於有關食品加工、衛生防疫、消防安全、環境保護等各項法規的瞭解與執行，確實提供員工安全、衛生、舒適的工作環境。
6. 各項設施與設備的安置要便於清潔、維護、保養。
7. 主廚辦公室最好能夠觀察到整體廚房的運作，以利確實的督導各部門運作。

二、廚房的格局設計

廚房的格局設計必須根據廚房本身實際的工作負荷量來設計，以其性質與工作量大小作為決定所需設備種類、數量之依據，最後方能決定擺設的位置，以發揮最大的工作效率為原則。現今科技技術發達足以滿足各項工作所需，因此規劃設計上更加富有彈性變化。以目前廚房設計之規劃，主要分為四種基本型態。闡述如下：

(一)背對背平行排列

有人將背對背平行排列形式的廚房稱之為「島嶼排列」，其主要特點是將廚房的烹飪設備以一道小矮牆分隔為前後兩部分，如此可將廚房主要設備作業區集中。也因為設備集中，所以通風設備使用量相對較低。主廚在營運尖峰時對於廚房所有人員設備也更能有效控制全體的作業程序，並可使廚房有關單位相互支援配合。

(二)直線式排列

直線式排列適合各式大小不同的廚房，也最為業界廣泛使用。廚房的排煙設備也可以沿著牆壁一路延伸，在安裝成本上也較為經濟，在使用上效率也較高。

(三)L型排列

L型廚房之所以被規劃出來，通常是礙於廚房整體長度不足，而必須沿著牆壁轉彎而形成L型廚房，也因此在規劃時，通常會將轉角的兩邊廚房設施做大方向上的分類。例如一邊是冷廚負責沙拉、生食或甜點的製作，另一邊則為熱食烹飪區，舉凡蒸、煎、炒、煮、炸、烤都集中於此邊，如此在管線規劃及空調配置上也較好做配合。

(四)面對面平行排列

面對面平行排列的廚房通常用於員工餐廳、學生餐廳等大型團膳廚房。特點是將作業區的工作臺集中橫放在廚房中央，兩工作臺中間留有走道供人員通行。作業人員則採面對面的方式進行工作。

另外，廚房的形狀（見**圖6-4**）有以下幾種式樣會被採用：

1.縱長型或橫長型。
2.正方型。
3.柱型與將牆面遮蔽的多角型。
4.圓型或半圓型。
5.綜合式的多角型式變化。

可看見廚房和用餐區域即是所謂的「開放式廚房」；與用餐區完全被隔離即是所謂的「封閉式廚房」。格局的不同，設備排列的不同，都是為了需求及氣氛的營造而被分別採用。

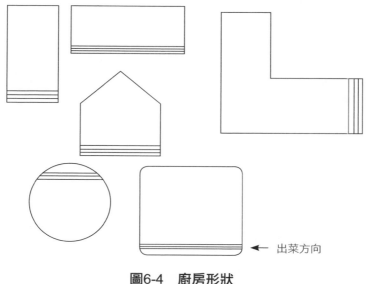

出菜方向

圖6-4　廚房形狀

三、烹飪過程與廚房的格局設計

一般烹飪調理程序不外乎以下幾點：

1.清洗：達到食品安全衛生的目的。
2.裁切：達到調理與食用的方便性。
3.半成品製作：完成初步烹飪。
4.成品完成：後續加工製作與調味。
5.美化：與其他食材搭配以創造美觀的擺盤。

一連串的烹飪程序必須密切搭配著廚房的設計格局與設備的擺設，方能完成整體作業。茲就整體大原則配置順序如**圖6-5**所述。單獨的各項工作區域相互之間具有連動性，是最好的格局設計。

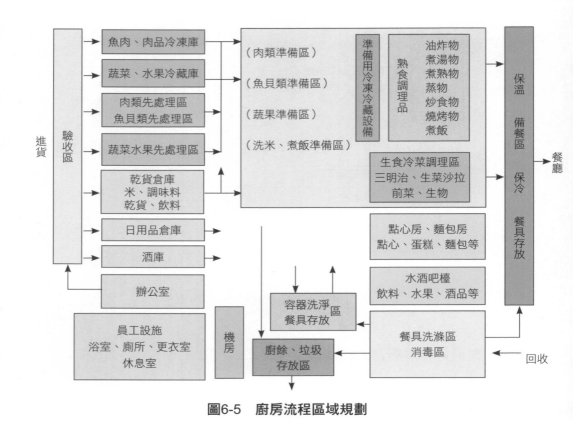

圖6-5　廚房流程區域規劃

第三節　廚房設備的設計

　　設備設計考量上，除了顧及業主的希望達到耐久性、多功能、方便使用、維護簡單、費用低廉等因素外，尚需考量到衛生安全的需求。亦即在符合各項法令規章的原則下，能夠兼顧業主的利益需求來設計。

一、基本原則

　　1.選用的設備應該是商用型，並且依照餐廳的座位數和營運型態決定

設備的產能及尺寸。在正常使用情況下，所有的設備應能有良好的使用效率、使用年限、抗磨損、抗腐蝕，日常的清潔無死角並且可以有效率執行。

2.維護或操作簡單。設備的置放不一定是固定式的，易於操作、清洗，維護分解與拆解無須多考慮。

3.與食品接觸的設備表面必須是平滑的，且最好有抗菌處理。不能有破損與裂痕，不易割手，摺角、死角都應容易洗刷，使污垢不易殘留。

4.與食品接觸面應使用無吸附性、無毒、無臭、不會影響食品及清潔劑的材質。

5.有毒金屬（汞、鉛或是有毒金屬合金類）均會影響食品的安全性，絕對嚴禁使用；劣質的塑膠製品亦然。

6.其他不會與食品接觸的設備，若是易有污漬或需經常清洗的表面，應是平滑、不突出、無裂縫、易清洗及維護的。如果是電器設備，也必須具有防潑水功能、自動感應漏電的斷電功能，並接妥接地線以免發生危險。

二、安裝與固定

1.在初始的圖面確認無誤並且經過放樣及現地勘查後，即可進行後續的設備進場和安裝。一般而言，放置在工作臺或是桌面的設備除了要能隨時挪動，方便使用及空間彈性利用之外，對於必須固定的設備，則必須確認至少離地面四英寸（一英寸＝二‧五四公分）以上的高度，以利於清洗。

2.地面上的設備，除了可以迅速移動外，應把它固定在地板上或裝置於水泥臺上，並且以電焊或鑽孔方式與地面固定。通常這樣的安裝

適用於重型的設備，可避免滑動或地震時造成危害。安裝時應注意
在其左右兩側和後方預留適當空間，方便人員平日的清洗擦拭或撿
拾掉落的物品或食材。

3.設備的不同其固定方式亦有不同，由於高度、重量等因素會產生部
分設備無法如預期的安裝，因此須明確瞭解各種設備的安裝方式及
相互搭配性。

三、空調設計

健康舒適的工作環境，對於現場工作人員除了能夠提供好的工作
場所之外，亦是提升工作效率的重要因素。因此，有效的換氣能使室內
空氣保持在正常的狀態，建立衛生、安全且舒適的工作環境。空調設計
的主要目的是為了能夠保持正常的室內空氣組成成分、除臭、除濕、除
塵、降溫等需求。空調設計可依下列規劃而有所不同：

1.依照施行區域可分為：局部換氣（排油煙機）和全部換氣（天
窗）。

2.依照換氣方式可分為：自然換氣（空氣對流）和機械換氣（強迫換
氣）。

自然換氣主要是以促進室內空氣循環為目的，通常是以房屋的門
窗、天窗作為換氣的管道，也必須仰賴季節和風向，並利用室內外溫差
所產生的氣流達到換氣的目的。此種方法是最經濟有效率的換氣方法，
但是開放門窗易使室內受到灰塵沾染及病媒進入，因此必須有良好的防
塵及防病媒進入措施，如紗窗、紗門。此外，需注意門窗附近不得有不
良污染源或不良氣味而致使室內遭受污染。自然換氣的另一缺點是必須
打開門窗而使廚房噪音外洩，對於鄰居造成噪音困擾。

當自然換氣無法達到預期的換氣效果，則可以利用機械式換氣（抽
風機、送風機、排油煙機）將室內混濁的空氣送出，而將室外空氣吸

入，達到換氣的效果。現行所使用防範病媒進入的方法，多是在換氣設備外圍裝置活動密閉百葉，當排氣時蓋子受到氣壓推擠而向外張開，關閉時隨著重力而將排氣口封閉，達到防止病媒侵入的目的。

　　局部換氣的目的是直接去除室內局部場所內所產生的污染源，防止其擴散而污染了整個場所。調理場所中最常見的就是排油煙機，該設備安裝時須注意煙罩的寬度、高度以及馬達的馬力。

第四節　廚房設備設計的考量

　　設備設計時應符合人體特性，如人體的高度（如身高、坐高）、手伸直的寬度等。在身體不自然的彎曲且重複同樣的動作時，背部肌肉會產生酸痛感。因此，比較實際的做法是使用能夠適度調整高度的工作臺，以配合工作者的身高。一般東方人士所適用的高度在七十五到八十五公分。

　　至於大型的儲物櫃或冷凍櫃，其置放商品應將常使用的物品存放在水平視線及腰線之間的高度（見**圖6-6**），可使工作人員受到傷害的危險減到最小。如果必須使用到活動梯、臺階、梯子等攀高器材，其設備必

圖6-6　商品放置示意圖

須加裝扶手欄杆等安全措施。

　　廚房地板的潮溼、油污，會嚴重影響到工作人員的安全。地板的鋪設種類繁多，只有幾種適用於廚房。無釉地磚不像其他類型的磁磚，其粗糙的陶瓷表面比較可以防滑，而且其表面摻雜許多金鋼砂，即使長期使用而致磨損，亦有防滑的效果。此外，地板若增加鋪設橡膠地墊可提升防滑效應，對於商品意外摔落打破的情形亦能降低，並能減緩工作人員長期站立的疲勞度。但必須注意的是防滑墊必須每日清洗，以維護工作環境的清潔（見**圖6-7**）。

　　病媒的防範，在廚房裡是不容忽視的一項課題，在每日工作結束休息前，除了垃圾、廚餘的清運之外，所有設備的清潔是每日例行的公事，列舉如下：

　　1.各種爐具的油漬清除。
　　2.排煙罩的清洗。
　　3.工作臺面的清潔。
　　4.地面的清潔。
　　5.餐具的清潔。

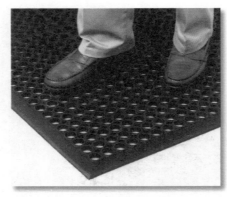

具有防滑、吸震、排水佳的優點。

可自由依照現場環境鋪設不同顏色，也可做不同區域的區分（圖中規格為W90×L150×H1.6cm）。

圖6-7　橡膠地墊

在基本的清潔措施完善之餘，搭配著防止病媒進入的設備，方能大幅提升整體廚房空間的安全衛生。市面上販售的捕蚊燈（見**圖**6-8）、高頻的驅鼠器（見**圖**6-9），皆具有驅除蟲鼠的效果。排煙管道末端須加裝動力百葉，天窗須加裝紗窗，甚至緊閉門窗以杜絕病媒的進入。若使用捕鼠板、捕蠅紙，需明確的記錄擺放位置與時間，以利定時的巡視，切勿讓病媒屍體因為滯留而產生更多病媒進入的因素。

排煙管道在長期使用後，其內部壁面會殘留油垢，油垢是病媒的溫床，若不清理在高溫下亦有燃燒之虞，所以必須尋求專業的清潔公司定

圖6-8　捕蚊燈

圖6-9　驅鼠器

期深入排煙管內部進行清洗。另外有些餐廳配備原木烤箱，強調以櫻桃木或其他木頭來燃燒烘烤食物，雖然可以提升美味，卻更容易因積炭未能排出而殘留於排煙管內，若不定期徹底清刷容易造成火災發生，不可不善加注意。因此廚房於排煙系統設計規劃施工期間，必須於適當的位置安置維修口，以利日後的維護清潔保養（見圖6-10）。

維修口開關

維修口

圖6-10　維修口及開啟開關

　　設備的固定與安裝會因高度、重量等因素，而無法按照原訂計畫安裝，因而改變其他固定方式，舉凡各式固定方法（如地面固定、水泥底座、懸掛架設等），除了要有適度空間提供清洗、維護保養外，設備底部或水泥底座底部與地面接觸至少為〇‧二五英寸的圓弧面，地板與壁面接觸亦是至少為〇‧二五英寸直徑的圓弧面，以減少死角的產生且容易清理。

第五節　廚房設計案例

一、廚房平面圖設計圖示

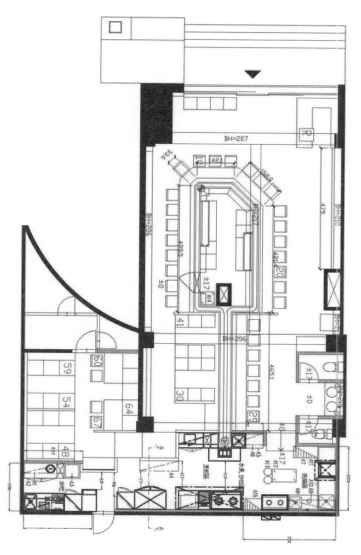

廚房平面圖一

廚房平面圖二

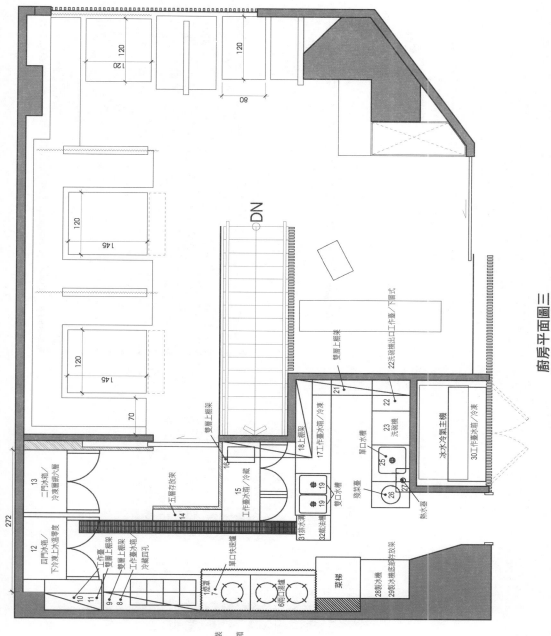

廚房平面圖三

2.油風機及避震器
3.靜電處理機及現場安裝
4.蔬架
5.後部鐵蚌管及活性碳箱
20.濾水器三支式
24.高壓噴鎗
33.調理盆1/1
34.調理盆1/3
35.調理盆1/4
36.調理盆1/6
37.調理盆1/9

餐飲設備與器具概論

廚房平面圖四

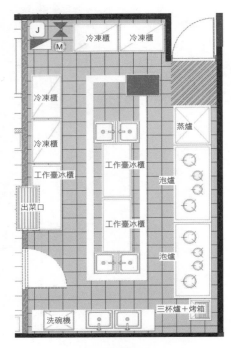

廚房平面圖五

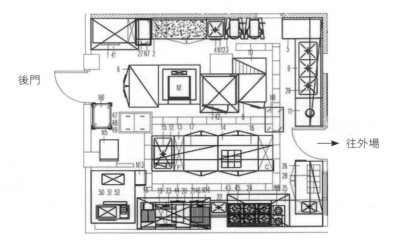

廚房平面圖六

二、設計要項說明

　　不論是哪一種形式的廚房設計，唯有掌握良好的動線規劃與區域配置，才能讓廚房整體效率提升，以奠立獲利的基礎。以下介紹區域配置與良好動線的掌握要點。

(一)冷藏櫃、冷凍櫃統一置放

1.冷藏櫃、冷凍櫃的電力需求是屬於常態性不關電的設備，因此在規劃上置放於同一區對於電力的配置有其助益，並且應該各自有獨立的開關，才不至於在維修關閉電源時其他正常運作的冷凍冷藏設備也跟著被關閉。
2.置放靠近進貨動線開端，以利商品存放。
3.避免與熱食區共置，以利設備散熱效應順暢。
4.良好的排水規劃利於沖刷及除霜時溶水的排出。

(二)準備區的設置

　　準備區的設置應掌握下列要點：（見**圖6-11**）

1.鄰近冷藏櫃、冷凍櫃、乾貨儲藏室，存取方便。
2.各式原物料集中處理，利於食材管理以達到良好的成本管理。

圖6-11　準備區的設置

(三)熱食區的設置

熱食區的設置應掌握下列要點：（見圖6-12）

1. 排煙罩整體統一規劃。
2. 排煙量利於計算（馬達馬力的設置）。
3. 壁面隔熱效應整體統一規劃（水泥壁面、磚塊壁面的耐熱度與隔熱效果好，其壁面若有壁磚的設置，不易脫落）。
4. 消防系統整體統一規劃，使用利於排煙罩內的簡易型消防系統、防爆燈泡等設置。
5. 大型爐火之設備能量大致以瓦斯為原則，另較為小型的設備則偏向以電力為其供應能量。因此電力管線、瓦斯管線、水力管線須做整體規劃。

圖6-12　熱食區的設置

(四)生食區的設置

生食區的設置應掌握下列要點：（見圖6-13）

1. 生魚片的料理基於安全衛生上的考量，應以不易遭受污染之規劃為其重點。
2. 生菜沙拉所需的各種醬料須獨立製作，避免相互受到病菌的感染。
3. 提供該區域冷藏的設備，切忌與熱食商品共用冷藏設備。

圖6-13　左側為生食區工作臺，右側為點心區工作臺

(五)點心區的設置

點心區的設置應掌握下列要點：（見圖6-13）

1.糕點、水果類、冰品等製作，基於安全衛生的考量，應以不易受污染之規劃為其重點。

2.提供該區域冷藏的設備，切忌與熱食商品共用冷藏設備，同時也建議將冰存水果、蛋糕西點的冰箱，與蔬菜、甚至肉品的冷藏冰箱區分開來，除了可避免食物交叉污染之外，也能避免異味互相影響進而破壞水果及西點蛋糕的風味。

(六)飲料區的設置

飲料區的設置應掌握下列要點：

1.提供氣體飲料，其高壓瓶需統一置放。

2.可食性冰塊的製作獨立。

3.熱飲設備電力的統一規劃。

(七)出菜口（備菜區區域）的設置

出菜口的設置應掌握下列要點：

1. 出菜口防火區塊的變更，須加裝消防連動閘門，以維持消防安全區塊的完整性。
2. 餐點端出前的準備，不可因餐點數量過大而有重疊之狀。熱食出菜臺應裝設保溫燈具，以維持食物的溫度。
3. 具有餐車運送之規劃，必須重視其餐車的清潔與美觀，且空間的規劃需充裕，以利餐車的進出及擺放。

(八)餐具置放的設置

餐具的置放應掌握下列要點：

1. 餐具的擺放和收藏須具備防塵、防病媒的功能。
2. 直立式空間的運用，輕而占空間的餐具（如外帶用餐具）置放於上層，常態型店內消費者使用之餐具宜置放於易取、易整理之處。

(九)廚餘、垃圾存放區的設置

廚餘及垃圾存放區的設置應掌握下列要點：

1. 一般而言，此區域的設置會鄰近調理區與餐具回收的位置，以利料理區域與餐具回收區域所產生的垃圾、廚餘能夠方便的共同存放。
2. 距離出口近，以利運送。
3. 垃圾分類設備必須明確。
4. 獨立的空間能夠確實處置垃圾與廚餘，避免病媒的孳生。

(十)洗滌區的設置

洗滌區的設置應掌握下列要點：（見圖6-14）

圖6-14　洗滌區的設置

1.洗滌區地板的防滑設施。

2.區域大小的設置不因廚房其他設備的設置而致使整體洗滌區過小。

3.餐具暫存區應保持清潔，其位置搭配動線的規劃，以利工作人員順暢且安全地將已清潔的餐具置放於正確位置。

4.熱水器的能源來自瓦斯或電能，環境的通風狀況、排放廢氣狀況需良好，以防範通風不佳致使中毒現象產生。

5.壁面的導水性、防水性應良好。

三、廚房規劃時所面臨的問題

在廚房的規劃上，所面臨的現實問題有：

1.廚房預算的短缺：許多非專業的業主往往為降低投資的成本，並急欲創造利潤，而在初始的規劃上或設備採購上多所節制，或是花費大把預算在外場的美觀及氛圍創造，而過度壓縮了後場廚房的預算編列，進而導致營運之後的運作不順暢或設備不敷使用的情況。屆時只會因為廚房產能的不足而無法創造更高的業績，實在相當可惜。此外，籌備期間在工作進度的掌控，要與施工單位明確訂出進度表，才能夠在萬全的準備下開始對外營運，而非倉促地營運。

2.廚房設備的選擇：提供廚房設備的廠商，往往會因希望銷售商品而有誇大不實的說辭，或為了配合業主預算而過度吹噓設備的產能。在選購各項設備時應仔細評估是否需要添購，以及設備是否足以因應將來的營運需求。特殊的設備是否確實需要從國外引進、廚房設備的保養、維護廚房設備的廠商能否有效率的進行維修並有充足的零件備料，這些都是設備採購時應思考的問題。

3.廚房內部空間不足：座席區是餐廳經濟收入的來源，廚房是餐廳的心臟，許多業主往往為使座位數增加，而大幅壓縮廚房的工作空間，致使廚房內部工作人員之工作環境不佳，此舉實在不可取。適度的調整廚房的大小無可厚非，先決是廚房所應具備的條件亦需要確實掌握。最常發現的狀況是廚房走道的狹隘、儲藏空間的凌亂、動線相互交叉、食材整理區域在座席區等，在此惡性循環下，廚房的衛生安全管理堪憂。

Chapter 7

餐飲資訊電腦設備系統概述

第一節　科技產品對餐飲業的影響

　　科技的力量讓每一個人在生活上有了重大的轉變，也讓每一個人在工作上有了重大的挑戰。產業要轉型、效率要提升，資訊產品在這過程中絕對是一個不可或缺的角色。於是，消費者享受到科技所帶來的便利，而業者也必須跟緊腳步擴充設備，提升人員素質及訓練時程以駕馭這些資訊器材，來提升工作的效率及企業的形象。

　　而餐飲業，這個古老又一直存在的產業，除了透過師父們精巧的廚藝，來展現出中國人最講究的色、香、味俱全的好菜以吸引顧客之外，雅緻的用餐環境、親切的餐飲服務、合理公道的價位、環境的衛生、地點的好壞、品牌的口碑等，這些都是餐廳能否成功經營的要素。然而，這句話套在過去的年代或許是對的，但是對於現今的科技時代標準來看，它似乎還必須再加上專業的經理人，以及一套實用的餐飲資訊系統作為搭配。曾幾何時，愈來愈多餐廳的服務員不再以三聯單來為客人點菜，廚房的師父也不再需要忍受外場人員用潦草的字跡寫下的菜名及分量，當然，出納結帳時，面對著一張張工整清晰的電腦列印帳單，出錯的機會自然也大幅的減少了許多。於是，大家的工作效率提升了，心情自然變好，微笑多了，服務自然也好了！

第二節　跨國連鎖餐廳率先引進餐飲資訊系統

　　在一九八〇年代，跨國速食業者陸續在臺灣成立，並大張旗鼓的在各個角落開啟分店，用令人咋舌的預算大作廣告，一時之間麥當勞成了速食業的代名詞，肯德基、德州小騎士、漢堡王、必勝客比薩這些跨國的餐飲集團，幾乎顛覆了臺灣社會千百年來的餐飲習性及餐飲業界的生態。接著，跨國的美式餐廳T. G. I. Friday's、茹絲葵、Chilis、Planet

Hollywood以及Hard Rock Café等，相繼在北、中、南等都會區開立分店，更是改變了消費者對飲食的價值觀。這些大型跨國餐飲集團帶給了臺灣業者教訓，展現出另類的餐飲食品，也有其忠誠的消費客群，龐大的行銷預算、美式的專業經營管理、標準作業程序（Standard Operation Procedure, SOP）的建立、大量的引進工讀生以節省人事成本以及餐飲資訊系統的導入增加工作的效率、管理者在發覺問題能見度上的提升等，都是過去本地餐飲業者所不曾做過的事。

它讓人瞭解到餐飲業其實是可以被資訊化的，不論是在採購的流程、餐點的配方、人員出勤紀律的考核、分層負責的管理、菜單的設計與更新等，都可以藉由資訊科技予以透明化及效率化。

從此每個月到了發薪日，不再看到員工及主管拿著打卡鐘的出勤卡，為了究竟工作多少時數爭得面紅耳赤；客人不再在出納櫃檯為了結帳人員一時的計算錯誤造成溢付餐點金額而不悅；外場經理也不用再與主廚一起憑「感覺」瞎猜究竟是哪一道菜賣不好，而哪一道菜又是賣得最好，這就是科技。

管理，本來就是一門學問、一種科學，而資訊系統藉由其龐大且快速的運算統計及分析彙整的能力，適時的提供了使用者最正確的資訊，進而做出最正確的決定，隨之而來的是更低的成本、更高的業績、更符合市場需求的行銷活動、產品，以及更強大的企業競爭力。

第三節　餐飲資訊系統被國內業者接受的原因

一、餐飲業經營者及經理人的管理素養提升

近十年來，多數的本土餐飲業者及經理人漸漸認同了餐飲資訊系統所提供的優點，有了這個共識之後才有可能考慮採購使用。有了餐飲資訊系統之後，業主對廚師的訂貨議價、對現場管理者的正直誠信度、對

出納人員的信任度都提升了，減少了許多不必要的猜忌，自然能將更多的心思花在正確的面向。這些資訊軟體忠誠地提列出各項報表，少了筆誤也少了欲蓋彌彰的修正。自然地，這些報表也有了可信度，而不合理的數字隨即也成了判斷問題產生的風向球。管理者有了它，能更有效率的去發現問題並解決問題，而業主也能由這些報表中看出經營的體質以及管理者的管理績效。

二、餐飲從業人員的優質化

臺灣社會的工作人口雖然因為前幾年經濟衰退而停滯不前，失業率的居高不下卻反而造成目前界業人口素質的提升。時常在新聞報導中看到某縣市環保局招考清潔人員，或是某小學招考工友數名，卻吸引成千上百位求職者前往報名應試，其中不乏具有碩士學位甚至是留學背景的知識分子。

餐飲業也不例外，在一九八〇年代，臺灣地區大概只有文化大學觀光系、世界新專（已升格為世新大學）觀光科、銘傳商專（已升格為銘傳大學）觀光科、醒吾商專（已升格為醒吾技術學院）觀光科等少數幾所大專院校設有觀光科系，並附有幾門餐飲管理的相關學分課程。然而不到二十年光景，全臺已有數十所大專院校及高職設有餐飲管理科系（已與觀光科系或旅館管理科系有所區隔），更多的大學院校相繼投入培養觀光餐飲方面的人才。近年來更有許多年輕學子遠赴美國、瑞士或澳洲，接受食品科學、餐飲經營、財務管理、成本控制、採購、行銷、消費心理、人力資源等專業課程，希望能提高自己在職場的競爭力。

業界樂見這個行業有更多的年輕人能帶著學校所學踏入職場，一來提高業界的競爭力，二來也連帶提升餐飲管理專業經理人的社會價值與地位，而不再像過去總是被譏笑為不過就是一個穿著體面還是得端盤子的資深服務員。

三、資訊軟體的本土化

在一九八〇年代跨國餐飲集團陸續進入臺灣市場之際，也同時導入了餐飲資訊系統。在當時如此陌生的「機器」或許已經在物流業、製造業被臺灣業者導入，但是對於習慣以三聯單作為各部門溝通及稽核的餐飲業，卻是一個全新的課題。本地業者對於是否導入的諸多考量在於以下幾點：

(一)介面

既然是國外的軟體當然是以英文的介面為主，單單是操作者的英文能力即是一個考量。因為不懂英文，即使電腦設計得再人性化、簡單化，操作上仍舊有盲點，況且對於中式餐廳，菜名的鍵入也是個問題。

(二)單價昂貴

在當時的時空背景下，Micros系統可說是在美國最具權威的餐飲資訊系統，因屬小眾市場所以產品價格一直居高不下。較大型的餐廳若配置六至十台POS機（Point of Sales，銷售點），可能必須花費近百萬元來購置。

(三)操作畫面生硬

當時的餐飲資訊系統多半以專業電腦程式語言寫入，直接在DOS模式下執行容易造成操作者的抗拒及不適應。

(四)訓練時程長、成本高

正因為屬於英文介面，而且在DOS模式環境下執行操作，一名服務員需要花上數週進行訓練，其所衍生出來的訓練成本（訓練員及被訓練者的薪資、不當操作的潛在損壞、鍵入錯誤進而造成食物成本的浪費或營收的短少），都是業者裹足不前的原因。

而現今之所以可以本土化，主要的原因乃是國內業者自行研發類似的軟體，功能甚至更強，並以中文作介面、Windows作業環境、人性化的

觸控螢幕搭配防呆設計、簡易的操作引導以及合理的價格，完全解決了
上述的四個原因，自然也就能夠普及化、本土化了！

四、資訊設備的簡單化

過去從國外進口的餐飲軟體多半屬於專利商品，連帶其外觀、零
件、體積及工作環境都有較高的規格。而現今許多國內業者也都早已具
備成熟的生產技術，開發生產類似的電腦硬體，例如單一機體的電腦並
附有觸控式螢幕，搭配熱感紙卷之印表機，或視需要再加裝主機伺服器
即可操作運用。而比較值得一提的是，因為中華民國政府設有統一發票
的制度，因此在軟體設計之初便將統一發票的管理納入其下重要功能之
一，這是國外軟體所沒有的，也間接讓餐廳會計人員在申報營業稅時，
有了更方便的軟體作為協助。而早期國外的資訊軟體甚至偶有發生與發
票機無法連動或同步的問題，造成出納人員、財務稽核人員與稅捐單位
之間的困擾。

五、資訊設備的無線化

隨著週休二日制度的實施，臺灣地區各個風景休憩場所每逢週休假
期總是擠滿休閒的民眾及消費者。包廂式設計的KTV、大型的餐廳、
木柵貓空地區的戶外露天茶莊、北投或是知本的溫泉露天泡湯區、國父
紀念館廣場的大型園遊會都是樂了消費者，卻苦了腿都快跑斷的服務人
員。除了體力上的負擔，也間接影響了服務的品質，此時若能導入無線
化的設備，例如服務員配備無線電對講機及平板電腦或智慧型手機（見
圖7-1）與餐飲資訊系統作無線的數據傳輸，不但提升了效率，對於服務
品質與企業形象也有所幫助。

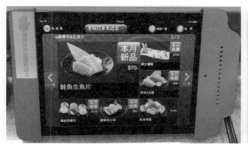

圖7-1　平板點餐資訊設備

六、資訊軟體的低價化

　　隨著國內業者的潛心研發，適合國內餐飲環境所設計的軟體近幾年來如雨後春筍般不斷地推出。相較於國外進口產品，國內自行研發的軟體最大的特色就是貼近使用者的需求。同文同種的國人在同一個環境下生活，其思考邏輯自然是較近似於使用者。不斷地溝通、修正、改版，促使這些本土產品深受國內餐飲業者的青睞，銷售量提升的同時單位成本自然得以下降。就筆者瞭解，目前一套簡易的國產餐飲資訊軟體連帶周邊硬體設備，可能只需原先進口國外餐飲資訊系統三分之一的價格即可購得。最近甚至有業者以按月收費的方式提供點餐服務、周邊硬體設備，如平板電腦、印表機、wifi設備搭配雲端儲存空間及日常的諮詢和維護，省卻業者開辦初期動輒百萬的投資費用。並且提供具有多年餐飲經驗的顧問作為諮詢，協助業者判讀報表資訊，給予營運上的建議，算是一種另類的商業服務模式，甚受歡迎。

七、維修無界化

　　在過去的經驗中，餐飲業者如果不幸發生軟硬體的故障而無法使用時，可以利用維修專線請工程師盡速到場維修，做零件的更換或是軟體的調校修改。然而，現今因為網際網路發達以及軟體的自我偵錯能力

不斷提升，除非是硬體零件更換需到場進行修護之外，很多的軟體修改設定均能透過簡易的對話窗口引導使用者自行維護，或是利用網際網路讓工程師連線後進行遠端維護。這些功能大幅降低了餐廳業者的不安全感，進而增加使用接受度。

第四節　餐飲資訊系統與CRM緊密的結合

CRM（Customer Relationship Management，顧客關係管理）是近年來很熱門的一個行銷課題。其主要的意義就是更深入瞭解顧客消費習性、更貼切去迎合滿足顧客需求的一種「一對一」的行銷概念。餐廳如果能確實建立顧客資料，除了生日、地址、電話外，舉凡客人用餐的口味需求、飲食習性、座席偏好、甚至結帳方式（何種信用卡），將來在行銷策略的規劃上就更能貼近顧客需求，得到最好的顧客滿意度。

餐飲管理資訊系統最大的功能之一，就是其龐大快速的計算、統計、篩選序列的能力。例如透過它的強大功能，使用者可以在彈指之間得到依照生日月份所排列出的顧客名單，進而對生日顧客進行貼切的問候，並提供顧客來店慶生的優惠；篩選女性顧客，並針對粉領階級的顧客規劃下午茶的優惠；篩選出特定職業的顧客，並在其專屬的節日裡提供貼心的問候及用餐的優惠，如護士節、秘書節、軍人節等。

第五節　餐飲資訊系統對使用者的好處

一、餐飲資訊系統對業主的好處

對於餐飲業主而言，餐飲管理資訊系統除了能夠提供自己一份完整的營業紀錄之外，對於各項成本的控制也有相當大的監督作用。透過餐

飲資訊軟體所預設的分層授權功能，修改及折扣的設定能讓餐廳內的營收、折扣、食材物料的進銷存有一定的管制，避免人謀不贓或浪費的情事發生。

業主對於報表數字上的變化，亦能作為對現場管理者的管理績效進行最客觀的解析。這正是人們常說「數字會說話」的道理所在。藉由歷史資料的回顧比對來剖析現場管理者的經營管理能力。

二、餐飲資訊系統對營運主管的好處

對於餐廳現場的營運主管而言，餐飲資訊系統能提高營運的順暢度。例如使廚房與外場的溝通更順暢、結帳及點菜的出錯率可以降低、減少客人不必要的久候以及餐廳形象的提升等。而對於一位專業經理人而言，餐飲資訊系統所扮演的角色絕對不只單單如上所述，其真正的價值乃是這套餐飲資訊系統所提供的各式報表功能，有了這些報表就如同船長有了羅盤及衛星定位系統，可以帶領這艘船駛往正確的方向。經理人藉由員工出勤紀錄瞭解員工的作息出勤是否正常；藉由銷售統計報表瞭解哪些菜色熱賣，哪些菜色不受青睞可考慮刪除；藉由折扣統計報表瞭解哪些促銷活動方向正確獲得顧客青睞，提高來店頻率或消費金額。

經理人必須發揮所學專長，從數字去發現問題並瞭解每一個數字背後所延伸的意義，進而發覺問題核心，並改善問題以創造最大利潤。

三、餐飲資訊系統對財務主管的好處

財務主管雖然不在餐廳現場參與營運事務，但是經由每日的各式報表能為業主提供正確的資訊及建議，不論是在現金的調度、貨款金額的確認與發放、年終獎金的提列或是折舊的分期攤提，都能提供業主一個思考的方向。

當然，有了這些報表對於現場的現金、食材物料及固定資產等，也能

發揮稽核的功能。對於每週、每月或是每季所召開的例行營運會議、股東會議，也能藉由餐飲資訊軟體提供第一手正確的各式報表進行檢討，大量節省財務主管製作各式報表甚至以手工登錄製作報表的冗長作業時間。

四、餐飲資訊系統對百貨商場的好處

對於購物中心、商場甚至量飯店所規劃附設的餐飲區，因現今商場大多對承租的餐飲專櫃之租金收入採取營業額抽成的方式。此時商場與餐飲專櫃間的營業額確認，就有賴於餐飲資訊系統與商場的結帳系統進行連線以利稽核，避免不必要的爭議。

五、餐飲資訊系統對使用者的好處

(一)廚房、吧檯人員

過去的經驗裡，廚房及吧檯的工作人員總是無奈地被迫接受外場服務人員以潦草的字跡寫在不甚清楚的複寫三聯單上。光是文字的判讀就浪費廚師們不少時間，無形中也增加了錯誤的比率。有了餐飲資訊軟體，外場透過餐飲資訊系統點菜，再經由廚房的印表機就能列印出字跡工整清楚的菜單，如果預算寬裕，還可以在廚房加掛抬頭顯示器，讓廚房師父能利用電腦螢幕瞭解所需製作的品項，進而依照每一道菜所需的烹飪時間，調整製作的順序，讓同桌的顧客可以一起享用到不同的餐點。

(二)外場服務人員

餐飲管理資訊系統對於餐廳現場第一線的服務人員，最直接的益處在於效率。透過餐廳現場配置的POS（銷售點）機快速的鍵入桌號、人數、餐點內容，存檔送出後，使廚房及吧檯能在第一時間收到單子並隨

即進行製作。而此時餐廳內包括前臺、出納及任何一台POS機均已經同步更新資料，免除了過去手開三聯單並逐一送到廚房、吧檯以及出納的時間。另外，員工每日出勤都能利用POS機進行打卡上班的動作，透過先前輸入的班表隨即可以統計上班時數並避免上錯班的窘境。

(三)出納人員

透過餐飲資訊系統，出納人員面對客人結帳的要求時，只要鍵入正確的桌號即能得到正確金額的帳單明細。當客人以現金結帳時，出納人員輸入所收金額，系統會自動告知出納人員應找餘額。若是以信用卡結帳，系統也能夠與銀行所設置的刷卡機連線，直接告知刷卡機應付金額，而出納人員只要進行刷卡動作，即可避免掉輸入錯誤金額的機會，使消費者更有保障。而交班結帳時，亦能透過系統列印交班明細和總表以進行交接。

(四)領檯帶位人員

領檯人員藉由餐飲資訊系統先前為餐廳量身繪製的樓面圖，清楚的表現在電腦螢光幕上。並利用系統預設的功能，加上與外場POS機及出納結帳的電腦進行連線，依照當桌用餐的進度賦予不同的顏色，讓前臺人員對於樓面狀況一目了然。例如，以紅色代表客人已點餐並在用餐中；白色代表空桌；綠色代表已經用完餐結完帳即將離開；黃色代表已帶入桌位但尚未點餐等，如此遇有客滿的情況時，前臺人員較能夠精確掌握樓面狀況，並預告現場等候桌位的客人可能需要等候的時間。

六、餐飲資訊系統對消費者的好處

經由餐飲資訊系統帶給餐廳完善的管理及成本的有效控制，自然能帶給餐廳更多的利潤，進而提升競爭力並嘉惠消費大眾。此外，客人若是對於帳單有異議時，也能藉由帳單的序號或桌號查詢明細以避免爭議。

第六節　餐廳安裝餐飲資訊系統所需注意的要點

餐廳在導入餐飲資訊系統之後，雖然可以享受電腦科技所帶來的便利，對於資訊系統的建置與維護保養，仍應有以下幾項要點需注意：

一、不斷電系統的必要性

試想，餐廳於用餐尖峰時間正忙得不可開交之際，若不幸正巧遇上停電的窘境，即使是位處在高級的商業大樓或是購物中心，緊急電力的供應多半只能提供緊急照明、消防保全設備及電梯的正常運作。此時，餐飲資訊系統若沒有搭配一個專屬的不斷電系統來（Uninterrupted Power System, UPS）支應，勢必嚴重影響餐廳營運的順暢度。因為電腦的停擺，服務人員無法正常的點菜，出納人員也無法從電腦中調出客人的帳單進行結帳的動作，而更嚴重的是——很可能在停電的瞬間電腦資訊系統未能來得及儲存當時的營運資料進行備份，造成無法挽回的遺憾。

市面上的電腦賣場普遍都有販售各式的UPS系統，商家可以依照自己的需求及預算來購置，而其主要的差異是在於續電和供電的時間長度。

二、定期資料備份

為求營業資料的永續儲存，作為日後做重大營運策略時可以調出歷史營業資料來做參考，建議商家能定期進行資料的備份。雖然餐飲資訊系統的主機已經配有記憶體大小不等的硬碟進行儲存，但是若能搭配燒錄機將資料燒成光碟片儲存作為備份，會是更為妥當的做法。

三、觸控式螢幕的保護

觸控式螢幕（見**圖7-2**）的最大好處就是快捷便利。然而，餐廳的環

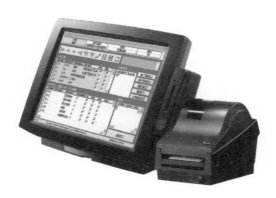

圖7-2　觸控式螢幕

境畢竟不如一般的辦公室或是零售商店，外場服務人員難免有時候會因為剛收送餐點或是洗完手，而讓自己的手指仍帶有油漬或是水滴，此時若是未先將手徹底洗淨並擦拭或烘乾就直接操作觸控式螢幕，則容易造成螢幕的損壞。此外，不當的敲擊或是以其他的物品（如原子筆、刀叉匙等餐具）代替手指操作觸控式螢幕，也極易造成螢幕的損壞。在此建議必要時可以搭配光筆供操作人員使用也不失為一個好辦法。

四、傳輸線的選擇

傳輸線主要的功能是將外場各區的POS機、出納結帳、吧檯、廚房、前檯以及主機之間做網路連線並快速地將資料進行傳輸。然而，廚房對於電腦傳輸線而言可以說是一個不甚友善的工作環境，除了高溫潮濕之外，瞬間用電量的高低起伏造成電壓的不穩定，微波爐等設備所產生的電磁波都會影響資料的傳輸穩定度。因此，在建構這些餐飲資訊設備時，應選擇品質較好的傳輸線以抵禦周邊的干擾以及惡劣的工作環境。此外，若能以金屬或塑膠管保護傳輸線，將能有效地避免蟲鼠的破壞，防止斷線的情況產生。

五、專屬主機應避免其他用途

為避免造成電腦主機的效率退化、速度變慢,甚至發生感染電腦病毒的情況發生,筆者建議餐廳應為餐飲資訊系統保留一台專屬的主機,徹底杜絕與一般事務的個人電腦混合使用。

六、簽訂維修保養合約

雖說新購的餐飲資訊系統多附有一年的硬體保固服務,但是對於軟體程式的修改、維護與調校,以及不可預期所發生的人為損害仍應有所警覺。若能及早簽訂維修合約,不論是零件備品的取得、遠端即時的維修設定,或是到場進行硬體的清潔保養等,都能夠延長系統的使用壽命,而且可以大幅降低不可預知的故障,確保餐廳營運的順暢度。

第七節 軟體及系統架構

目前市面上的餐飲資訊系統,除了點菜、列印、帳單金額計算及上述所提到的顧客關係管理系統外,其實它包含了很多的軟體在其中,其中包括:

一、廚房控菜系統

在裝設有餐飲資訊系統的餐廳廚房裡,最基本的設備就是印表機了!系統可以透過廚房的印表機列印出剛被送進系統的最新點菜單,讓廚房的工作人員可以依據單子上的內容製作菜餚。

然而,更先進的設備則是透過廚房裡所架設的電腦螢幕來取代印表機秀出需要製作的菜餚。除了簡單的訊息傳送之外,還可以透過事前的

設定，讓單子可以延緩一段時間再出現在螢幕上。這樣的用意是讓前菜與主菜的時間可以較明顯的被區隔開來。目前甚至還可以做到逾時的提醒功能，透過畫面閃爍或聲響來提醒工作人員及時將餐點製作完成。

二、訂席系統

訂席系統主要是建構在餐廳領檯的位置。（見**圖**7-3）電腦畫面上有依照餐廳樓面所繪製成的平面圖，再透過不同顏色的區分來代表每一個餐桌的用餐狀況，對於訂席的餐桌也可以被標示出來。訂位人員在接受客人預約訂位時，也可以即時透過這套系統輸入訂位資料，系統還可以與VIP管理系統自動連線檢查是否為VIP客人的訂位。對於訂位未取消也未出席的客人，系統也會自動保留成為缺席黑名單，作為爾後訂位時的電腦比對參考。

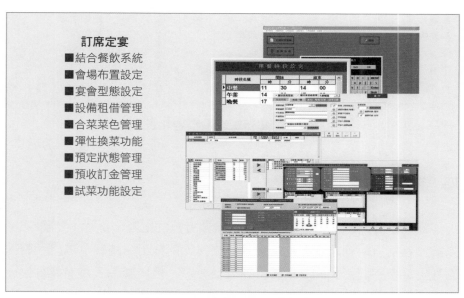

圖7-3　訂席系統功能及畫面

三、庫存管理系統

　　首先在庫存管理系統（見**圖7-4**）中將每道餐點的配方完整輸入系統中，再將餐廳每一筆的進貨資料也輸入系統裡，隨著餐廳營運的進行，系統會依照事前所得到的餐點配方及點菜紀錄，自動由庫存中扣除食材，進而得知最新的庫存狀況，以作為每月盤點時的比對參考。如果預先把各項食材的最低安全庫存量輸入到電腦裡，當系統發現食材低於安全庫存量時也能達到警示的效果。

基本資料設定	採購銷售管理	庫存管理
員工基本資料	需求預測分析	庫存異動作業
供應廠商資料	廠商報價管理	庫存調撥作業
客戶資料管理	採購單價分析	倉管資料查詢
商品基本資料	採購下單作業	盤點清單列印
廠商類別及付款方式設定	進貨退回作業	庫存月結作業庫存
利潤中心與倉庫設定	分店採購管理	分店即時庫存
原料大中小分類	銷貨報價管理	分店進退貨管理
匯率及幣別設定	訂單管理	
客戶編號對照設定		

圖7-4　庫存管理系統功能表

四、後臺管理系統

　　後臺管理系統主要是協助管理人員做更多的比對分析。（見**圖7-5**）系統透過所有的營業資料進行多種的交叉比對分析、統計、排序，製作整理出許多不同形式的表格讓管理人員參考，對於管理人員而言有很大的助益。

　　而就硬體架構而言，由於現在市場上走連鎖型態的餐飲品牌相當

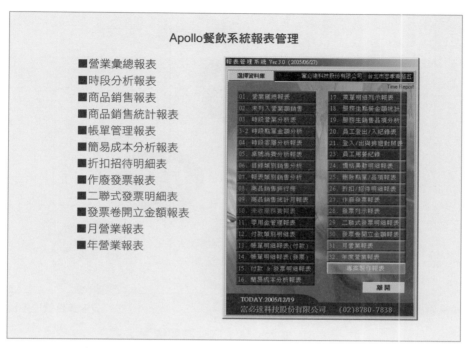

圖7-5　後臺管理系統功能及畫面

多，不論是直營式的連鎖或是加盟制的連鎖，總公司都需要透過建置一套完整的餐飲資訊系統來瞭解每一家店的營運狀態（見圖7-6）。

就單店的系統架構而言，先是要配置一台網路伺服器主機，再透過寬頻分享器把餐廳多台的工作站組成一個網路，讓資料能夠不斷地同步更新並且回到伺服器主機，再交由相關的印表機列印（見圖7-7）。

多店的連鎖餐廳與單一分店的系統架構都是相同的，只是每一家分店的伺服器主機須再透過網際網路傳輸回到總公司（見圖7-8）。如此當連鎖餐廳有增減菜色或是價格調整時，也只需要由總公司統一進行更改之後再回傳到所有分店，即可同步更新資料，相當便捷有效率，也能避免因為其中一家分店輸入錯誤，造成分店價格不一的情況。

餐飲設備 與 器具概論

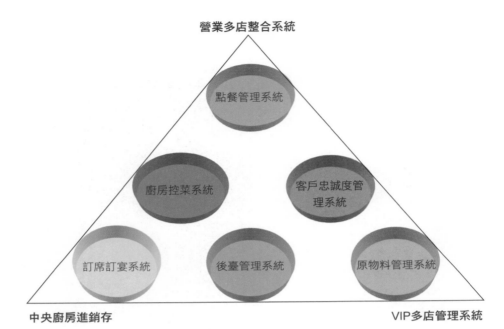

圖7-6　餐飲資訊系統軟體架構圖

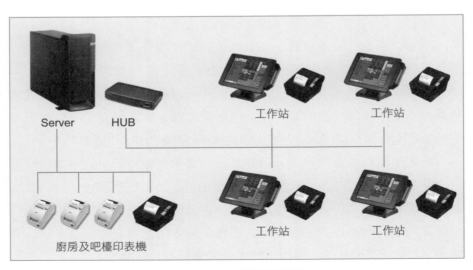

圖7-7　單店系統架構圖

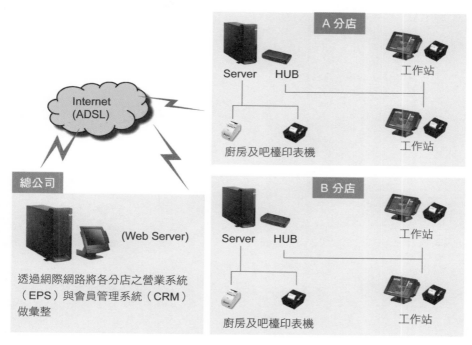

圖7-8　總公司系統架構圖

Chapter 8

排油煙設備及環保排污設備

第一節　前言：新聞分享

新聞案例一

餐廳油煙排入水溝　擬重罰（2007/3/9 聯合新聞網　記者朱淑娟）

臺灣許多餐廳為逃避環保法規處分，乾脆把廚房排油煙管直接接到水溝，不僅常有陣陣的油煙跟臭味，更會阻礙排水系統。環保署近日將公告這種特定行為違反空氣污染防制法，至少可罰十萬元。

環保署表示，現行空污法第三十一條雖有規範「餐飲業從事烹飪，致散布油煙或惡臭，可開罰十到一百萬元罰款」。餐飲業者擔心被處罰，想出把油煙通到水溝中，在判定是否「散布油煙或惡臭」時常有爭議。

新竹市曾下定決心對這種行為開罰，但因爭議不斷，後來改引用廢棄物清理法，以製造髒亂對業者處一千兩百元到六千元罰款。不過，罰款不重，業者寧可被罰也不裝防油污設備。

環保署表示，把油煙通入水溝，油油的黏液把水溝的排水系統堵住，一遇到下雨就容易淹水。久而久之水溝中油污愈積愈厚，惡臭四處擴散，社區環境衛生大受影響。環保署表示，過去空污法授權不明，該署準備明白禁止「將油煙排入水溝」，在執法上就不會有爭議。

下月將依空污法授權，公告禁止不得將油煙排入水溝，隨後舉行公聽會，順利的話六月可實施。環保署表示，由於罰責相當重，至少會給業者三到六個月的改善期。環保署也將要求各縣市環保局，全力輔導業者裝置油煙防制設施。

據瞭解，環保署的公害陳情案中，與空污有關的一年約三萬四千件，屬於惡臭（含油煙）的約一萬四千件，占四成三，其中屬商業行為的有四千八百件，所謂商業行為多數與餐飲業油煙排放有關。

統計惡臭（含油煙）被陳情的前五個縣市：台北市、台北縣、高雄市、台中市、桃園縣，都是人口稠密的都會區。以餐廳別來分，中式餐廳最多，占五成六；其次是炭烤店、早餐店、攤販、西式餐廳等。

新聞案例二

設備五萬起跳　小吃業抱怨開銷大（2007/3/9 聯合新聞網　記者陳靜宜）

環保署將針對餐廳油煙開罰，飯店和餐廳業者多表示配合，不過對於小吃業者，要安裝標準的過濾設備至少五到二十五萬元，開銷不小，心情很無奈。

廚具業者范振嵩表示，餐廳油煙處理需安裝「水洗式油煙罩」，如以一家五十人左右的餐廳，從主機、鼓風爐、油煙罩到風管，整套標準設備至少要二十五萬元以上，如果像「巴黎海鮮」這類大型自助餐廳，可能要花到上百萬元。

對此，飯店與餐廳業者多半持配合的態度，不過，有小吃業者抱怨，餐廳是小本經營，要安裝標準設備，是很大的開銷，加上臺灣多半是住商合一，在狹小住宅區內，要小吃店也安裝整套油煙罩設備（如住宅水塔大小），缺乏多餘的空間，如果安裝好，又可能因為使用範圍擴大而被舉發是違建，相當困擾。

不過一家遼寧夜市的小吃店說，他們使用禁煙器約五萬元，可以簡單處理油煙；一家販賣紅豆鬆糕的業者說，他們以蒸為主，因此未安裝相關設備。

京星二十四小時港式飲茶副總許茗芳表示，港式料理的油煙比一般餐廳要大，五年前就已安裝相關設備，稍有不慎，不需要等到環保署開單，附近大樓、住戶很快就會抗議，想永久經營，還是要按規矩做事。

穆記牛肉麵店老闆穆傳財說出小吃店的心聲，他說已盡量改進店內設備，但牛肉麵店是小本經營，油煙沒有一般中餐廳那麼大，雖然瞭解政府是求好心切，不過，難道政府只會要求業者這樣那樣，卻不進行全面輔導或配套措施，小市民很無奈。

隨著生活品質以及國民教育水準的提升，餐飲業早不再像過去可以任意將油煙廢氣往戶外排出，而未裝設任何環保設備以降低油污、噪音、異味。以台北縣環保局為例，在其所設定的空氣污染防制業務，其中固定污染源即明確訂列入「餐飲業清查列管及輔導改善」為重要管制工作中的其中一項。不論是固定地點的餐飲業者或是流動式的攤販小吃業者，都將逐步納入管理，若未能有效改善，環保單位也將有了法源依據來執行開罰以力求餐飲業者改善。

新聞案例三

名菜館油煙擾鄰被迫搬遷　違規遭開13罰單　管委會堅決告官（2005/3/23 蘋果日報　記者張欽）

台北市安和路的知名江浙菜館「榮榮園」，因餐廳違規擴大營業，且噪音、油煙嚴重影響居住環境，經協調後仍未改善，管委會認為榮榮園違反「公寓大廈管理條例」，告上法院要求榮榮園強制遷離。管委會委任律師洪巧玲說，此案應是住戶要求餐廳強制遷離的首例。

狀告惡鄰

台北地方法院昨天首度開庭，法官勸雙方和解，榮榮園委任律師王元勳表示，管委會列出合理改善清單，榮榮園會配合；但管委會律師洪巧玲則說，就是遲遲未改才打官司要求遷離，雙方沒有任何交集。

榮榮園老闆娘李桂榮無奈地說：「之前只有二樓住戶趕我們走，如今我們已買下二樓，其他住戶卻仍執意要我們搬走。我們也不想擾鄰啊！所以花了二百多萬元改善，之前違規被開過十三張罰單，共七十八萬元早已繳納，至於地下一樓也已申請變更登記中，未核發前暫時不會營業。」

曾請市議員協調

李並表示，鄰居不滿油煙、熱氣，曾透過市議員協調後設置「油漬截油槽」管線直通樓頂排煙，目前希望能透過改善方案與管委會和解。

鴻禧麗邸管委會主委章張麗琴昨不在家，無法取得回應，鄰居也不願表示意見。但律師洪巧玲則說：「榮榮園三年前搬來後就被舉發違建、地下室違規營業、在樓梯間堆雜物及擅自利用法定公地等行為，市府工務局還因取締不力被監察院認定失職。」

查報處罰紀錄多

以江浙菜聞名的榮榮園餐廳，三年前遷入鴻禧麗邸一樓，後來被舉發違建，被查報十一次未改善，又被查獲在樓梯間堆置雜物並擅設活動拉門、排風管等被處罰多次，甚至還在地下室違規擴大營業使用，違反「建築法」等移送法辦。網路、媒體及美食雜誌都曾介紹榮榮園，甚至還傳出常客、電視名主持人周玉蔻曾在餐廳內被不滿她政治言論的客人趕出去，但此事遭到周玉蔻否認。

第二節 排油煙設備

一、裝設排油煙設備的目的

就餐廳廚房而言，排油煙設備的種類選擇、規格大小都須經過專業人士的計算評估，其主要考慮的重點，包含了餐廳整體的空調規劃、餐飲項目種類、烹調設備、廚房的大小及動線規劃等。而不論最終的規劃為何，目的不外乎有以下幾點：

(一)有效控制廚房的溫度、溼度（事關環境舒適度及食品衛生安全疑慮）

餐廳的各項設備在烹飪食物時會引發各種不同的效應，例如對流式烤箱會產生熱氣、油炸爐會產生水氣、燒烤會產生油煙、煎炒也會產生油氣，這些都會間接造成廚房的溫度和濕度提升，使得冷廚部分在製作沙拉、生食時，或多或少會產生不好的影響，對工作人員也產生了不舒服的工作環境。因此，良好的排油煙設備規劃，在將油煙及異味排出廚房的同時也帶走了熱氣和溼氣，讓廚房維持在一個舒服的環境溫度對工作人員和食材都比較好。

(二)有效控制廚房的氧氣、一氧化碳、二氧化碳濃度（事關工作人員健康）

良好的排油煙設備是需要經過精密的空氣力學的計算，精密確認排煙設備每秒鐘帶出多少立方公尺的廢氣，並且配合冷氣空調的出風量計算出最好的空氣進出流量，讓氧氣濃度不致降低。同時，因為爐火燃燒也需要氧氣；燃燒不完全會造成一氧化碳濃度提高；工作人員呼吸會產生二氧化碳……這些都有賴冷氣空調（含戶外新鮮風引進）和排煙設備的完美搭配來排除不好的空氣（一氧化碳、二氧化碳），並引進新鮮空

氣提高氧氣濃度。

(三)形成廚房空氣壓力保持負壓狀態，避免油煙及異味向外場飄去（事關企業形象及顧客感受）

在餐廳初步規劃時，設計師就應該與餐飲設備廠商做密切的溝通，瞭解餐飲設備的規劃有哪些，進而規劃空調的規模以創造出良好的空氣品質。一般來說，餐廳的外場用餐區必須保持在空氣正壓狀態，也就是說外場的空氣壓力要大於廚房及餐廳外的環境。這樣的規劃會造成：

1. 當餐廳大門開啟客人進來時，會感受到餐廳空調的涼爽，這是因為餐廳外場的氣壓較大所致。反之，如果餐廳外場的氣壓小於餐廳外的環境氣壓，則當大門打開時，餐廳內的用餐客人就會感受到戶外的熱空氣，甚至戶外的異味（如汽機車廢氣排放），塵埃也隨之進到餐廳讓清潔工作加重。
2. 如果餐廳外場的氣壓小於廚房，則會造成當餐廳廚房門打開時，隨即會飄出油煙氣味，造成外場用餐客人的不舒適。反之，如果廚房處於負壓狀態，則當廚房門開時，外場的冷氣會進入廚房，讓廚房的空氣更為舒爽。

(四)確保經過排煙設備處理後的廢氣排出能符合環保法規，並且盡量降低廢氣的異味及油煙度（事關適法性、企業形象及周圍居民感受）

近年環保法規日趨嚴格，加上民眾更懂得主張自我的權益。如果餐廳未能有效將排油煙做適度的處理，勢必會遭受抗議並且不斷地遭到環保單位的舉發，對於企業形象和鄰里關係都有負面的影響（參閱第一節新聞案例）。

二、排油煙設備的種類

(一)擋油板濾油法

擋油板濾油法是一種原理較簡單但效果也較不理想的傳統作法。其工作原理是在排油煙罩上安裝擋油板。擋油板是利用不鏽鋼或鍍鋅材質製作，並且具有抗高溫及耐腐蝕的特點。油煙經由高速鼓風馬達將油煙強力吸入擋油板內，油煙會順著擋板的角度引導氣流不斷地轉彎，讓油煙不斷地撞到擋板而轉向，進而誘使油污附著在擋板上（見圖8-1）。

利用擋油板濾油法其油脂的捕集能力約在60%，收集下來的油脂則會導流到油之收集盒中，方便工作人員定期回收。此外，這種濾油法也需要清潔人員至少每週將擋油板拆卸下來浸泡鹼性藥劑，清洗附著在擋油板上的油漬，以免影響爾後的集油能力。

(二)水幕式分離法

水幕式分離法又稱水洗式分離法（見圖8-2、8-3），它和上述擋油板濾油法的原理不同之處在於擷取油漬的工具由金屬面改為水面。當油

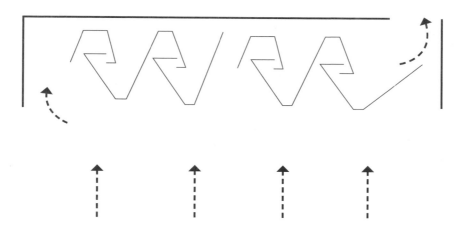

圖8-1　擋油板氣體流向

設備規範書

品名	防火型水洗式油煙罩	項次	B55
尺寸	1150 x 140 x 60 CM	數量	1
廠牌	LOCAL MADE		

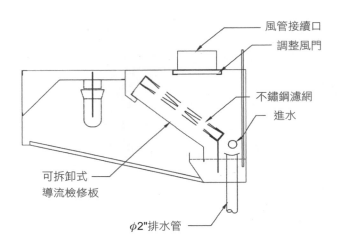

材質説明：
1. 本體使用SUS 304 1.0 m/m 厚不鏽鋼板製作。
2. 內部設置擋板及擾流板，當風車開始運轉時，煙罩入口處自然形成一道均勻的水幕，當油煙通過此道水幕時，將比重較重之油脂清洗掉。
3. 罩內設置防爆燈1ϕ110V，每米設置一只。
4. 所有油煙須經水盤始排放出去，故本設備可防火苗蔓延，亦可降低油煙排放溫度。
5. 電源：1ϕ110，1KW。
6. 抽風口施作調節風門。

圖8-2　水幕式油煙罩設備規範書

圖8-3　水幕式油煙罩

煙被強力吸入油煙罩後，隨即會遭遇到一道「水牆」，油煙必須穿過水牆後才能排出煙罩的排氣管。在穿過水牆的過程中，藉由水分子與油脂的比重不同，以及水幕所造成的氣泡來擷取油漬，使油漬從油煙中脫離出來。而能順利穿過水牆的僅剩下為去除油漬後的廢氣，不再是油煙。

　　此種水幕分離排煙罩內設置排油及排水口，利用水和油的比重不同，將排油口設置在排水口的上方，如此便能讓截流下來的油漬浮於水面上，並且經由排油口溢流排出。此種油煙分離方式的截油率可高達90％以上，但是在規劃時應注意安裝各項攔水設備，避免因為水幕揚起被抽到排煙管而造成煙管積水的情況。

(三)離心分離法

　　離心分離法的這種做法有點類似第一種的擋油板濾油法。（見圖8-4）透過鼓風馬達所產生的強力氣旋將油煙吸入排煙罩內，並且透過排煙罩內部的設計讓油煙在內部高速旋轉，藉由離心力的效果將油漬甩出

圖8-4　離心分離法設備外觀

油煙外，並且附著在油煙罩的內壁。餐期結束後再啟動幫浦馬達噴灑清潔劑和清水，將內壁上的油漬沖洗掉並進行排放。

　　也有另一種做法是在排煙罩內裝設多個噴頭，將高壓清水透過噴頭噴向油煙，類似上述水幕式分離法的原理。因此，離心分離法可說是擋油板濾油法及水幕式分離法的綜合體。

　　此種排煙設備也可搭配自動感應式的滅火設備。透過煙罩內的感應器測知火災的發生，並自動關閉瓦斯及電源，以及噴灑藥劑滅火。滅火劑噴嘴通常設置在烹飪設備的上方約二十四到四十二英寸之間，當溫度高達攝氏一百三十八至一百六十三度時，噴嘴會自動噴出滅火劑，同時

關閉設備及瓦斯電力開關，以降低災害（請參考第十章「自動滅火器」的文圖說明）。

(四)靜電分離法

　　靜電集油原理和靜電集塵的原理相同，都是利用電荷異性相吸的原理，以外加高壓形成兩個極性相反的電場，在庫倫力[1]的作用下使油煙粒子荷電後，向集塵板移動，進而附著在集塵板上，達到淨化空氣的目的（作用原理請參考**圖**8-5、8-6）。工業製程或餐廚烹飪時，因高溫會導致油類揮發或裂解為油煙，此油煙具有黏滯性。一般過濾式裝置之濾材，因無法循環再生使用，濾材消耗大，而油煙粒徑又分布在〇·〇一到十多微米之間，一般機械式集塵裝置，對一微米以下粒徑不易捕集，而靜電集塵可處理一微米以下的微粒，其除油效率高達95%以上（見**圖**8-7）。

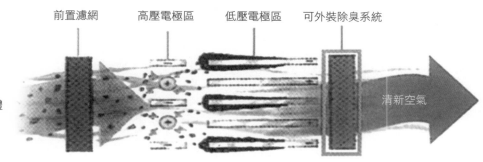

前置濾網　　高壓電極區　　低壓電極區　　可外裝除臭系統

油壓氣體　　　　　　　　　　　　　　　　　　清新空氣

*可處理粒徑0.3um以上之油煙粒子

圖8-5　靜電除油原理圖解說明

---

[1]庫倫（Charles A. de Coulomb, 1736-1806）是發現靜電的法國物理學家。相斥相吸的電力也叫做庫倫力。重力不管物體性質，一律相吸，但庫倫力則要視兩物體的電性、電量而定。最大的差異則是，重力只有正值，也就是相吸；而庫倫力則有相吸或相斥的不同。

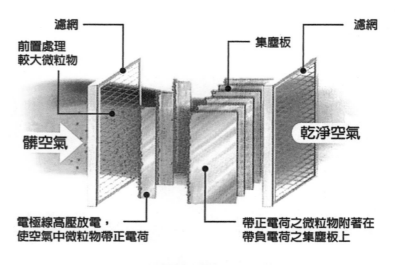

圖8-6　靜電除塵原理圖解說明

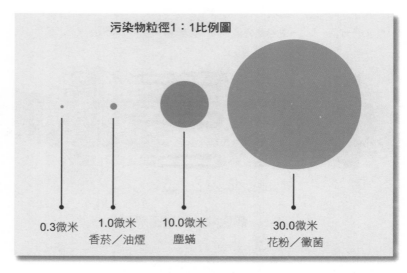

圖8-7　油煙粒子大小示意圖

靜電機下方可加裝清洗設備，其內部包括清洗水槽、抽水馬達、加熱器及必要的配管，利用加熱器將清水加熱至七十度之後，透過水管及噴頭均勻地噴灑在集塵板上，達到自動清洗油垢的目的。

　　機體的主要構造除了排煙罩、風管之外，另有三氧化二鋁、變壓器箱、清洗水箱、高壓泵浦、電控箱、電極板組（見**圖8-8**）。其中三氧化二鋁是一個重要的零組件，它的結晶體硬度接近鑽石，是一種非常優異的絕緣材質，用於靜電機可以避免高壓穿透甚至擊碎或融化。如此可以確保設備效率高、穩定性高，也同時避免故障產生。

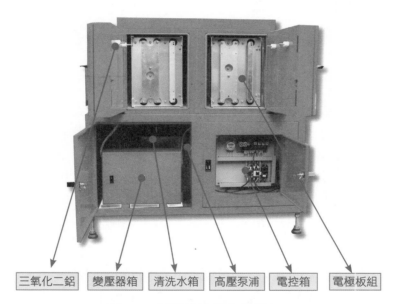

| 三氧化二鋁 | 變壓器箱 | 清洗水箱 | 高壓泵浦 | 電控箱 | 電極板組 |

圖8-8　靜電除油機內部圖解

三、除味設備

　　廚房烹飪所產生的油煙在經過排油煙設備的過濾之後，能夠有效的將油漬截取下來，排放一般廢氣出去，但是仍會帶有令人不適的異味，尤其是某些特別的食物烹煮時所帶來的異味特別容易引起反感，例如臭

餐飲設備與器具概論

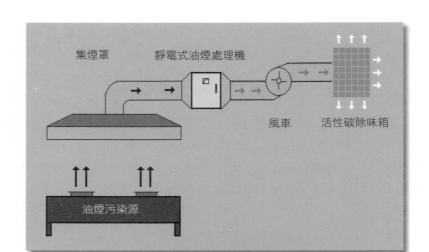

集煙罩　　　　　靜電式油煙處理機

風車　　　　活性碳除味箱

油煙污染源

圖8-9　靜電除油機內部圖解

豆腐的臭味、麻辣鍋底熬煮的辛辣味等，這時候餐廳業者便可以考慮在排油煙設備的末端加裝除味設備，以降低異味造成左鄰右舍或過往行人的不滿（見**圖8-9**）。

現今的除味設備多以活性碳除味為大宗。活性碳具有多孔性的結構，表面積很多，每一公克的活性碳大約有好幾個籃球場的面積。因此，可提供許多空間讓污染物停留在表面上（稱之為吸附）。其工作原理是以吸水性佳的長纖維板製作成蜂巢狀結構的交換器，該纖維板內添加有微粒高效率活性碳。在蜂巢纖維板頂端以微量活性水噴灑，順著纖維板均勻分布成水膜活化界面以形成一個交換界面。當具有異味的空氣通過活性碳纖維板時，與水膜界面接觸活化空氣去除異味，形成人們比較可以接受的空氣。

第三節　截油設備及廚餘分解設備

一、概述

　　近年來，隨著環保意識抬頭，除了一般人看得見也聞得到的餐廳廢棄油煙為人詬病之外，另一個較不易被人發現的餐廳廢水排放問題也逐漸為人所討論，而透過環保單位的監督輔導，讓愈來愈多的餐廳業者除了裝設油煙排放設備外，廢水的處理設備也愈發普及。

　　試想：帶著菜渣廚餘的餐廳廢水，勢必也無法避免帶有大量的油脂。這些廢水若未經過任何的截流手續就直接排入排水孔中，將很快會因廚餘菜渣造成水管堵塞而無法順利排水。再者，油脂隨著廢水進入排水管中，將因凝結而造成管徑逐日縮減，這也是影響排水順暢度的重要因素，更別提其所造成的環境污染和蟲鼠問題了。

二、截油設備的種類

　　為了因應環保法規的限制，現今餐廳業者多半會在餐廳規劃時一併建構截油設備。也因為市場有了這樣的需求，所以坊間也逐步開發各式截油設備來滿足餐飲業者及環保法規。這些截油設備不論形式為何，主要功能不外乎就是過濾廚餘菜渣、油水分離、截留油脂並收集，以及排放廢水這幾個主要的動作。以下針對三種常見的截油設備做介紹。

(一)簡易型截油槽

　　簡易型截油槽（見**圖8-10**）是最簡易經濟的截油設備，既不需任何能源也無需任何耗材，可說是最早被開發設計出來的截油設備。其作用原理為在廚房排水管末端建構一個不鏽鋼截油槽（見**圖8-11**），內部構造甚為簡單，大致可分為三槽，廢水經由排水管進入第一槽後就會進行

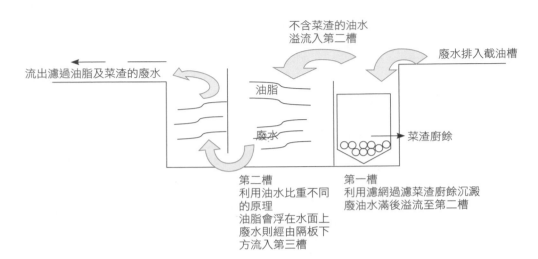

圖8-10 簡易型截油槽剖面圖

不含菜渣的油水
溢流入第二槽

廢水排入截油槽

流出濾過油脂及菜渣的廢水

油脂

廢水

菜渣廚餘

第二槽
利用油水比重不同
的原理
油脂會浮在水面上
廢水則經由隔板下
方流入第三槽

第一槽
利用濾網過濾菜渣廚餘沉澱
廢油水滿後溢流至第二槽

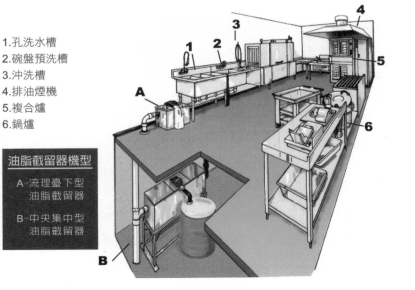

1.孔洗水槽
2.碗盤預洗槽
3.沖洗槽
4.排油煙機
5.複合爐
6.鍋爐

油脂截留器機型

A-流理臺下型
油脂截留器

B-中央集中型
油脂截留器

圖8-11 截油槽安裝示意圖

簡易的去除廚餘菜渣的動作，利用提籠放入水槽中將菜渣截流下來。簡易過濾過的廢水在積滿第一槽後就會溢流到第二槽去，廢水到了第二槽後再利用油脂比重不同原理，讓油脂自然浮於水面上。因第二槽與第三槽間的隔板建構得較高，且在下方做了開口讓水可以直接流到第三槽去，如此即可讓廢水順利排入第三槽，並進入排水管往餐廳外排放；而浮於水面上的油脂則將會一直停留在第二槽中。換言之，第二槽的用意就是截油功能。

　　這種簡易型的截油槽結構雖然簡單，卻不失為一個處理餐廳廢水的好方法。缺點是截油率僅約60％，另外需要藉由人工每天定時清理第一槽的提籠，並且以手工的方式撈取浮在第二槽水面上的油脂。若未能定期撈除，油脂會逐日愈積愈厚，最後將隨著廢水由下方空隙流入第三槽，進而隨之排入排水孔中造成阻塞，滯留的油脂甚至結塊造成淤塞和衛生惡化。

(二)鋼帶式刮油機

　　鋼帶式刮油機（見**圖8-12**）是目前用以去除表面浮油最通用的設備之一。它低耗電、不需任何耗材就能有效地去除水中的各種浮油，包含機油、煤油、柴油、潤滑油、植物油及任何比重小於水的油脂，且不論

鋼帶通過水面吸附的油脂直接收集到機器後方的回收桶中。
圖8-12　鋼帶式刮油機

油脂的厚薄都能有效地做到油水分離，進而回收廢油的目的。其作用原理乃是利用油水之間不同重力和表面張力的特性，當刮油帶穿過水面時吸取並且帶走浮在水面上的油脂，適用於餐飲業及各種工業，如修車業、污水處理廠、煉油廠甚至是油田。

主要特點如下：

1.特殊不鏽鋼環帶，吸油性強，肉眼望去五彩之油膜皆可吸除。

2.刮出的油含水量極低，便於回收利用。

3.刮油刀片為可調式，可達到最佳的刮除效果。

4.可在強酸、強鹼環境下使用，使用溫度可超過攝氏一百二十度。

5.鋼帶長度可根據客戶要求製作。

6.可根據需要選用普通型、整套不鏽鋼型或防爆型。

7.可進行時間控制（定時開關），於二十四小時內設定自動開機運轉工作或關機。

8.有可調整轉速設計，磁性滑輪於牽動鋼帶運轉後可根據水中油量調整運轉速度。

(三)往復式刮板機

往復式的截油設備（見**圖8-13**）採不鏽鋼材質製作，和前述所介紹的簡易型截油槽同樣擁有第一槽的除渣功能，並且同樣需要人工定時清理提籠內的菜渣。當廢水溢流至第二槽（也就是往復式濃縮刮除槽，由銅製往復式螺桿製成）後，其不鏽鋼刮油板依螺桿之往返而改變其傾斜度，以增加刮油的效率並減少含水量。刮除起來的油脂被帶入另一收集槽內存放，但是因為油脂容易凝結，反而容易造成油脂在收集槽內結塊。

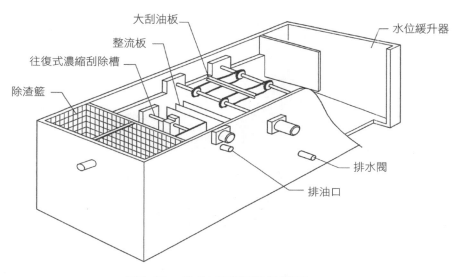

大刮油板

整流板

往復式濃縮刮除槽

除渣籃

水位緩升器

排水閥

排油口

圖8-13　往復式刮板機結構圖

第四節　廚餘分解機

　　近來有些餐廳業者、大型企業之員工餐廳所附設的中央廚房,已經開始著手導入廚餘分解機,以減少廚餘處理的困難。而隨著環保意識普遍的提高加上法規的日趨嚴謹,現在也有愈來愈多的廠商著手開發廚餘分解機(見**圖8-14**)。

一、分解原理及過程

　　目前較普遍的作法多是利用有機物最終會還原為水與空氣等元素的原理,在廚餘中加入特殊的分解微生物,將廚餘的有機成分——碳水化合物分解還原成水和空氣,同時將廚餘完全消滅(見**圖8-15**)。

　　目前廚餘分解機可處理的廚餘包含:

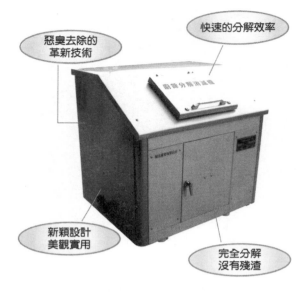

圖8-14　廚餘分解機

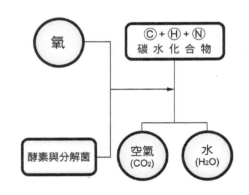

圖8-15　廚餘分解原理

1.澱粉類：如米飯、麵類、馬鈴薯、地瓜等。

2.蔬菜類：各式蔬菜（菜心、菜梗需較長時間進行分解）。

3.肉類：各種肉類。

4.骨頭：如雞鴨骨或魚刺等較小型的骨頭。

5.水果：果核、果皮、果屑。

6.其他：蛋殼、蝦蟹殼等需較長時間進行分解。

　　廚餘在被投入分解機後會進行噴水以及不定時的短暫攪拌動作，隨即進入分解微生物的過程，此過程中會重複噴水及短暫的攪拌動作讓空氣順利排出，再經過多次脫水的程序後水分也會被排出，而廚餘也會在約二十四小時後完全分解（見圖8-16、8-17）。

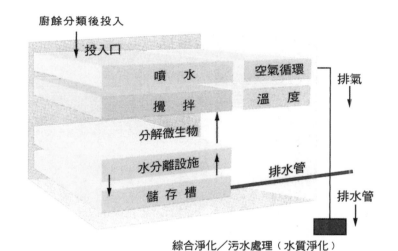

圖8-16　廚餘分解過程

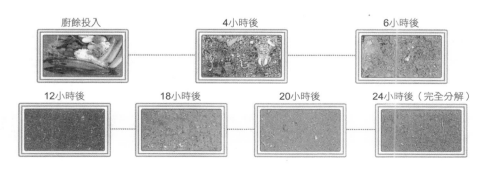

圖8-17　　廚餘分解消滅處理過程

二、分解機特點

1. 完全消滅處理。除了如蛋殼、菜心等少數種類廚餘之外，通常可在二十四小時內進行分解。
2. 廚餘不需事先經過脫水即可投入機器進行分解。
3. 完全處理沒有殘渣殘留。廚餘經過分解消滅後，轉換成水和空氣並且直接排出，沒有殘渣需要處理。
4. 操作便利。只需將廚餘倒入後，機器進行短暫時間的攪拌即可進行分解。微生物的投入也僅需要約每月一次即可，比起傳統的廚餘發酵堆肥機較有效率（見**表8-1**）。

表8-1　廚餘分解機與廚餘發酵堆肥機之比較

區分	廚餘分解機	廚餘發酵堆肥機
功能	沒有惡臭可置於室內	一天需加溫20小時，容易產生臭味
	沒有殘渣殘留	每天約有20%殘渣排出需要處理
	不必脫水即可投入	先脫水後放入
	菌床可永續使用，每年只需補充5%至10%	微生物菌要隨時與廚餘一起投入
	可連續投入且不需保存廚餘	不可連續投入且須保存廚餘，環境維護不易
價格	低	高
設置地點	可置放於室內	一定要置放於室外
管理維護	約為廚餘發酵堆肥機的十分之一	昂貴且附帶的工事費用高

Chapter 9

洗滌設備

第一節　前言

　　現今的餐飲業者只要稍具規模，或多或少都會配置簡易的洗滌設備來做餐盤杯具的洗滌工作。除了因為傳統的人工洗滌品質不穩定、人事成本高之外，企業形象和工作效率也是考量的重點。

　　早期洗滌設備多屬進口名牌產品，器材動輒數十萬元且規格選擇性少。但是隨著近年業者使用的普及和實際使用需求，本地業者也不斷地開發設計更符合業者（餐飲業種）需求的機型，除了價格大幅降低之外，彈性需求的尺寸規劃、更便宜好用的洗滌藥劑，還有良善快速的維修，都是促成洗滌機普及的原因。當然，近年來甚至有業者推出租賃方式，讓業者多了新的選擇，使資金調度更具彈性，甚至由提供機器的業者來負責保養維修，而餐廳業者只需付基本的月租費和清潔藥劑的費用，讓餐飲業的老闆們趨之若鶩。

第二節　洗滌機的種類

一、依照功能來區分

　　洗滌機依照功能來區分，可以分為洗杯機與洗碗機兩種。

　　其實嚴格來講，目前市面上業者所推出的洗碗機和洗杯機，在內部原理構造上並無不同，只是在藥劑上做不同的使用。但是為何還有業者要將機器區分成洗杯機或洗碗機呢？主要是洗滌餐具髒物的情況有所不同。例如，餐盤上的菜渣及油膩的程度遠超過一般的杯具；而杯具對於水質軟硬度的要求則較為敏感，經過軟化的水進入洗杯機後，除了能夠有效降低洗潔劑的使用量之外，軟水對於水漬留在杯具上的機會也會大幅縮小。

二、依照裝設位置來區分

(一)臺面型洗滌機

　　所謂臺面式的洗滌機，最明顯的不同就是餐具洗滌時的所在位置就和工作臺面等高，這樣的好處是避免過度的搬運造成破損的機會。而如果是落地式臺面型的洗滌機（見圖9-1），則在機器的設計規劃上會將運轉馬達及所有重要的零組件都放置在機器的下半部，上半部除了簡易的開關按鍵外，就只有洗滌槽了。

圖9-1　落地式洗滌機

　　另一種臺面型的洗滌機就是全罩式（Hood Type）以及履帶型的洗滌機（見圖9-2、9-3）。這兩者的好處是操作者不需將裝滿餐具的盤架搬運入洗滌機內，因為不論是全罩式或是履帶式，操作者都可以直接在水槽進行沖洗後，直接沿著工作臺推進機器內進行洗滌工作。

圖9-2　全罩式洗滌機

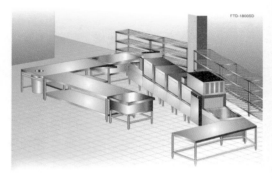

圖9-3　履帶型洗滌機

(二)崁入式洗滌機

　　崁入式（undercounter）的洗滌機（見**圖9-4**）可以是洗碗機或是洗杯機，裝設的考量通常是因為餐廳場所狹小，而必須利用工作臺面下方來

圖9-4　崁入式洗滌機

放置洗滌機；因此，在規劃廚房時就必須預留空間、水源、電源，以方便爾後的安裝。

　　一般來說，崁入式的機型因為高度的限制關係，再扣掉洗滌槽後，機組零件的空間會被壓縮得很小，而且因為機器直接落地，所以必須注意排水是否順暢，還有因潮濕所帶來的斷電短路問題。

三、依照開口位置來區分

(一)全罩式洗滌機

　　全罩式的洗滌機在設計上是將所有的灑水裝置、進水排水裝置都設置在機器的上下端，並且將左右及前方的機體壁面都改為可往上拉起的設計。藉由這樣的設計，讓碗盤架能夠直接從機體的左右兩邊滑入機體中，將機壁降下關閉後就能進行自動洗滌工作。這種全罩式設計的洗滌機市占率很高，主要原因就是節省空間並且實用方便。

(二)前開式洗滌機

　　會有前開式（Front Loading）設計的洗滌機出現，不外乎是因為空間有限所致。相較於上述全罩式洗滌機，碗盤架可以從機體左右兩邊直接滑入機體，前開式的設計就略顯不方便，而使用前開式的原因顯然是洗滌機的左右兩邊另有其他用途，以致無法規劃全罩式的洗滌機。前開式的洗滌機除了有賴操作人員將碗盤架搬進搬出較麻煩也較危險之外，在洗滌效果上並無不同。但是前開式的艙門設計通常較厚實，這是考量到機器所在位置可能在外場或是吧檯，容易吵到客人，因此會在噪音的降低上多做考量。相較於全罩式設計，左右及前面三塊機體壁面嚴格來說只是擋水牆，對於噪音的隔絕效果非常有限。

四、依照動作方式來區分

(一)履帶型洗滌機

　　所謂的履帶型洗滌機有兩種，常見的是操作人員將餐盤立在碗盤架上再往洗滌機推去，洗滌機的履帶掛勾會自動勾附盤架，並且拖進去機器內進行洗滌，再由機器的另一端被推出。另一種則是履帶本身就有碗盤架，操作人員可直接將餐盤直立在輸送帶上，由輸送帶送進機器內洗滌。此款的洗滌機較不常見，因為洗滌量太大，較適合大型團膳或舉辦喜宴等大型餐會的宴會餐廳使用（見圖9-5至圖9-8）。

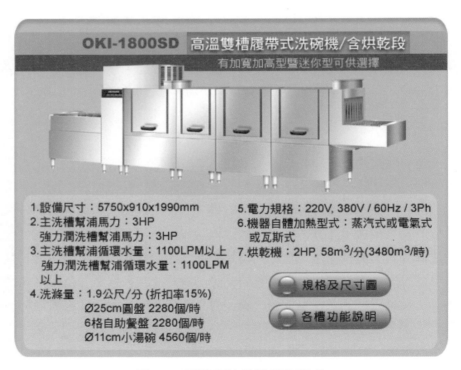

圖9-5　履帶型洗滌機規格說明

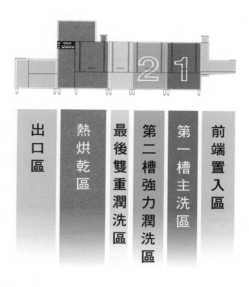

出口區　熱烘乾區　最後雙重潤洗區　第二槽強力潤洗區　第一槽主洗區　前端置入區

圖9-6　履帶型洗滌機各槽功能說明

圖9-7　履帶型洗滌機外觀示意圖

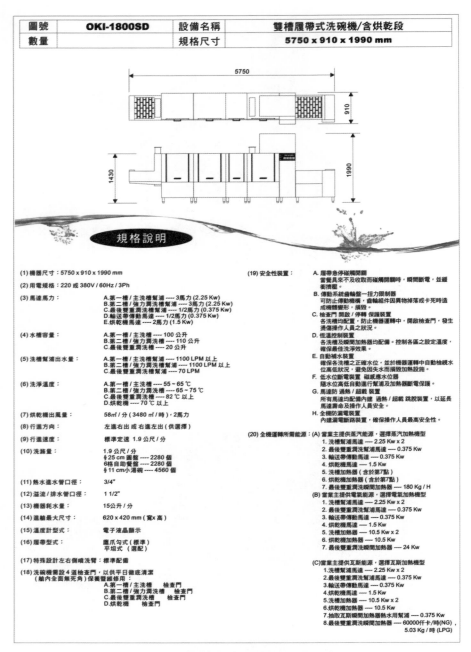

圖號	**OKI-1800SD**	設備名稱	**雙槽履帶式洗碗機/含烘乾段**
數量		規格尺寸	**5750 x 910 x 1990 mm**

規格說明

(1) 機器尺寸：5750 x 910 x 1990 mm

(2) 用電規格：220 或 380V / 60Hz / 3Ph

(3) 馬達馬力：
A.第一槽 / 主洗槽幫浦 ---- 3馬力 (2.25 Kw)
B.第二槽 / 強力潤洗槽幫浦 ---- 3馬力 (2.25 Kw)
C.最後雙重潤洗槽幫浦 ---- 1/2馬力 (0.375 Kw)
D.輸送帶傳動馬達 ---- 1/2馬力 (0.375 Kw)
E.烘乾機馬達 ---- 2馬力 (1.5 Kw)

(4) 水槽容量：
A.第一槽 / 主洗槽 ---- 100 公升
B.第二槽 / 強力潤洗槽 ---- 110 公升
C.最後雙重潤洗槽 ---- 20 公升

(5) 洗槽幫浦出水量：
A.第一槽 / 主洗槽幫浦 ---- 1100 LPM 以上
B.第二槽 / 強力潤洗槽幫浦 ---- 1100 LPM 以上
C.最後雙重潤洗槽幫浦 ---- 70 LPM

(6) 洗淨溫度：
A.第一槽 / 主洗槽 ---- 55~65 ℃
B.第二槽 / 強力潤洗槽 ---- 65~75 ℃
C.最後雙重潤洗槽 ---- 82 ℃ 以上
D.烘乾機 ---- 70 ℃ 以上

(7) 烘乾機出風量：58㎥ / 分 (3480 ㎥ / 時)，2馬力

(8) 行進方向：左進右出 或 右進左出 (供選擇)

(9) 行進速度：標準定速 1.9 公尺 / 分

(10) 洗籃量：
1.9 公尺 / 分
ψ25 cm 圓盤 ---- 2280 個
6格自動餐籃 ---- 2280 個
ψ11 cm小湯碗 ---- 4560 個

(11) 熱水進水管口徑：3/4"

(12) 溢流 / 排水管口徑：1 1/2"

(13) 機器耗水量：15公升 / 分

(14) 進籃最大尺寸：620 x 420 mm (寬x 高)

(15) 溫度計型式：電子液晶顯示

(16) 履帶型式：鷹爪勾式 (標準)
平坦式 (選配)

(17) 特殊設計左右側噴洗臂：標準配備

(18) 洗碗機需設 4 道檢查門，以供平日徹底清潔
(槽內全面無死角) 保養維修用：
A.第一槽 / 主洗槽　　檢查門
B.第二槽 / 強力潤洗槽　檢查門
C.最後雙重潤洗槽　　檢查門
D.烘乾機　　檢查門

(19) 安全性裝置：
A. 履帶急停碰觸開關
當餐具來不及收取而碰觸開關時，瞬間斷電，並緩衝擠壓。
B. 傳動系統齒輪盤一扭力限制器
可防止傳動機構，齒輪組件因異物掉落或卡死時造成機體變形、損毀。
C. 檢查門 開啟 / 停轉 保護裝置
各洗槽均配置，防止機器運轉中，開啟檢查門，發生誤傷操作人員之狀況。
D. 恆溫控制裝置
各洗槽及瞬間加熱器均配備。控制各區之設定溫度，確保最佳洗淨效果。
E. 自動補水裝置
確保各洗槽之正確水位，並於機器運轉中自動檢視水位高低狀況，避免因失水而損壞加熱設施。
F. 低水位斷電裝置 磁感應水位器
隨水位高低自動進行幫浦及加熱器斷電保護。
G. 馬達防 過熱 / 超載 裝置
所有馬達內建 過熱 / 超載 跳脫裝置，以延長馬達壽命及操作人員安全。
H. 全機防漏電裝置
內建漏電斷路器裝置，確保操作人員最高安全性。

(20) 全機運轉所需能源：
(A) 當業主提供蒸汽能源，選擇蒸汽加熱機型
1. 洗槽幫浦馬達 ---- 2.25 Kw x 2
2. 最後雙重潤洗幫浦馬達 ---- 0.375 Kw
3. 輸送帶傳動馬達 ---- 0.375 Kw
4. 烘乾機馬達 ---- 1.5 Kw
5. 洗槽加熱器 (含於第7點)
6. 烘乾機加熱器 (含於第7點)
7. 最後雙重潤洗瞬間加熱器 ---- 180 Kg / H
(B) 當業主提供電氣能源，選擇電氣加熱機型
1. 洗槽幫浦馬達 ---- 2.25 Kw x 2
2. 最後雙重潤洗幫浦馬達 ---- 0.375 Kw
3. 輸送帶傳動馬達 ---- 0.375 Kw
4. 烘乾機馬達 ---- 1.5 Kw
5. 洗槽加熱器 ---- 10.5 Kw x 2
6. 烘乾機加熱器 ---- 10.5 Kw
7. 最後雙重潤洗瞬間加熱器 ---- 24 Kw

(C)當業主提供瓦斯能源，選擇瓦斯加熱機型
1.洗槽幫浦馬達 ---- 2.25 Kw x 2
2.最後雙重潤洗幫浦馬達 ---- 0.375 Kw
3.輸送帶傳動馬達 ---- 0.375 Kw
4.烘乾機馬達 ---- 1.5 Kw
5.洗槽加熱器 ---- 10.5 Kw x 2
6.烘乾機加熱器 ---- 10.5 Kw
7.抽取瓦斯瞬間加熱器熱水用幫浦 ---- 0.375 Kw
8.最後雙重潤洗瞬間加熱器 ---- 60000仟卡/時(NG)，5.03 Kg / 時 (LPG)

圖9-8　履帶型洗滌機規格說明書

(二)手動型洗滌機

　　手動型包含了全罩式、前開式等各式不具履帶牽引功能的洗滌機。其作用方式都是透過人員操作，將餐盤洗滌架放進機器並關閉艙門後進行洗滌的工作。通常機器設有固定的洗滌時間（一至三分鐘不等），先是洗滌動作然後是清洗的動作，完成後待指示燈熄滅後再打開機器取出餐具。

第三節　洗滌設備之周邊設備

　　一套完整的洗滌設備除了洗滌機本身之外，還有其他許多樣的周邊設備需要被導入，才能確保洗滌效率高並且有效降低洗滌成本。

一、工作臺

　　外場人員將餐具從外場帶回洗滌區之後，寬敞有效率的空間及工作臺，能幫助外場人員在短時間內卸下所有髒污的餐具，並且隨即進行分類、浸泡等動作。也因此，在工作臺的規劃上就不能不謹慎，除了適度的大小方便各式餐盤堆疊在一起之外，略有幅度的水平也能幫助湯汁盡速被導流到水槽裡，也方便平常的沖洗和乾燥。有些貼心設計的工作臺上會挖出一個洞，下面放置收集廚餘的桶子，讓操作人員在整理餐盤時能夠有效率地將廚餘收集起來。

二、水槽

　　餐具在進入洗滌機之前，一定要經過沖洗的動作以確實將菜渣及明顯油污沖掉。水槽上方會架設不鏽鋼架，讓餐盤洗滌架可以直接放置在水槽上方而不會掉到槽底，方便用噴槍來做沖洗動作。

三、噴槍

　　噴槍（見**圖**9-9、9-10）通常被裝置在水槽旁邊，須具有冷熱水源及足夠的水壓，才能將餐盤上的菜渣及油漬徹底沖刷下來。在進入洗滌機前將餐盤沖洗得愈乾淨，進入機器後的洗滌效果就愈好，清潔劑的使用也愈節省。因此，千萬不可忽視利用噴槍沖洗餐盤的這個動作。通常廚房要能提供充足大量的熱水水源，除了應付一般廚房烹調所需之外，噴槍和洗碗機的進水提供也是必須的。雖然多數洗碗機都附有加熱設備，將進水在瞬間加熱到洗滌餐具所需的八十五度，但是如果有其他熱水水源直接提供給洗滌機，就能減少洗滌機加熱設備的負荷，讓機器更有效率也更省電。

圖9-9　直立式噴槍（銅管型）

圖9-10　壁掛式噴槍

四、洗滌架

　　洗滌架可分為很多種類，例如用來放置餐盤的豎盤架（見**附件**9-1）及放置高腳杯及平底杯的杯架（見**附件**9-2）。

附件9-1　各式餐盤餐具專用洗滌架

CAMRACK® 標準豎盤架和托盤架

9 x 9 標準豎盤架

該架的設計用於清洗各種規格的餐盤、碗、托盤和盤蓋。標準的豎盤架可存放：

- 18 個 25.4 釐米餐盤，
- 12 個 30.5 釐米餐盤，
- 27 個 19 釐米餐盤，
- 9 個 36 x 46 釐米托盤。

提供的規格：
- 2 種高度
  可用擴展架來增加高度。

5 x 9 豎盤架

該架的設計可在一個方向擺放和清洗標準規格的餐盤，在另一個方向上擺放和清洗深盤和超大號的麵碗和湯碗。

5列體配置可擺放：
- 10 個 25.4 釐米深的盤或麵碗和湯碗，
- 沙拉和原料混和碗，
- 供餐托盤和盤蓋。

9 列架體配置可擺放：
- 18 個 25.4 釐米盤，
- 12 個 30.5 釐米盤，
- 27 個 19 釐米盤，
- 9 個 36 x 46 釐米托盤。

提供的規格：
- 2 種高度
可用擴展架來增加高度。

末端開放式托盤架

一側開放式托盤架便於放置和拿取所有長度的托盤。

末端開放式托盤架可存放：
- 垂直擺放 9 個托盤

提供的規格：
- 僅提供一種規格。
- 不能增加擴展架。

型號	9 X 9 豎盤架	9 X 9 豎盤架 帶一個擴展架	5 X 9 豎盤架	5 X 9 豎盤架 帶一個擴展架	末端開放式 托盤架
型號	PR314	PR500	PR59314	PR59500	OETR314*
內側架高	6.7 cm	10.8 cm	6.7 cm	10.8 cm	6.7 cm
外側架高	10.1 cm	14.3 cm	10.1 cm	14.3 cm	10.1 cm
件裝	6	5	6	5	6
件重 KG (體積 M³)	9.99 (0.1582)	8.29 (0.194)	9.99 (0.1582)	8.29 (0.194)	8.4 (0.1582)

顏色：淺灰色 (151)。標準擴展架顏色：淺灰色 (151)。任選擴展架顏色：米色 (184)。提供貨主標識服務。
* 無法添加擴展架。

CAMRACK® 標準和半號平餐具架

該架用於有效地浸泡和清洗所有規格的平餐具和廚具。架體底部採用耐久的網格設計，可存放所有類型的平餐具，同時使水和洗滌液順利的通過。

提供的規格：
- 標準或半號架
- 大型 8 格餐具籃可裝進標準或半號基架。上面的金屬絲手柄可縮回以方便貯存。

型號	標準平餐具架	半號平餐具架	8 格 半號平餐具籃	8 格 半號平餐具籃
型號	FR258	HFR258	8FB434* 帶把手	8FBNH434* 無把手
內側架高	6.7 cm	6.7 cm	11.1 cm	11.1 cm
外側架高	10.1 cm	10.1 cm	18.4 cm	18.4 cm
件裝	6	6	6	6
件重 KG (體積 M³)	9.08 (0.1582)	7.15 (0.0776)	8.17 (0.105)	8.16 (0.105)

顏色：淺灰色 (151)。標準擴展架顏色：淺灰色 (151)。任選擴展架顏色：米色 (184)。提供貨主標識服務。* 無法添加擴展架。

附件9-2　各式杯具專用洗滌架

用於高腳杯和平底杯的 CAMRACKS® 標準凱姆架

這些架體為所有精緻而貴重的高腳杯與平底杯提供完全的保護，滿足洗滌、搬運以至疊放、存儲和運輸的要求。

提供的規格：
- 5 種分格規格
- 多達 12 種分格高度

選擇正確的餐具架

1. 測量玻璃杯（高腳杯和平底杯）的最大直徑，以決定分格的數量。

2. 測量玻璃杯（高腳杯和平底杯）到頂部杯口的最大直徑，以決定分格的高度。

9 分格

14.8 cm 最大直徑	最大高度	**9** cm	**13.2** cm	**17.4** cm	**21.6** cm	**25.8** cm	**30** cm
	型號	9S318	9S434	9S638	9S800	9S958	9S1114
	件裝	5	4	3	2	2	2
	件重 KG (體積 M³)	10.67 (0.19)	11.35 (0.19)	10.67 (0.178)	8.63 (0.143)	9.99 (0.164)	11.35 (0.191)
	擴展架高度	14.3 cm	18.4 cm	22.5 cm	26.7 cm	30.8 cm	34.9 cm

16 分格

10.9 cm 最大直徑	最大高度	**9** cm	**11** cm	**13.2** cm	**15.2** cm	**17.4** cm	**19.4** cm
	型號	16S318	16S418	16S434	16S534	16S638	16S738
	件裝	5	5	4	4	3	3
	件重 KG (體積 M³)	12.7 (0.191)	13.4 (0.191)	13.15 (0.191)	13.83 (0.191)	12.25 (0.178)	12.92 (0.178)
	擴展架高度	14.3 cm	14.3 cm	18.4 cm	18.4 cm	22.5 cm	22.5 cm
	最大高度	**21.6** cm	**23.8** cm	**25.8** cm	**27.8** cm	**30** cm	**32** cm
	型號	16S800	16S900	16S958	16S1058	16S1114	16S1214
	件裝	2	2	2	2	2	2
	件重 KG (體積 M³)	9.97 (0.143)	10.55 (0.143)	11.34 (0.164)	11.9 (0.164)	13.15 (0.191)	13.38 (0.191)
	擴展架高度	26.7 cm	26.7 cm	30.8 cm	30.8 cm	34.9 cm	34.9 cm

基架顏色：

黑色 (110)*　深綠 (119)　淺灰色 (151)　紅色 (163)*　棕色 (167)　藍色 (168)*　米色 (184)　海軍藍 (186)　藍綠色 (414)*　深紅色 (416)

標準擴展架顏色：淺灰色 (151)。任選擴展架貨架顏色：米色 (184)。提供貨主標識服務。請參見凱姆架貨主標識與顏色編號專頁中的內容。
*只適用於標準規格。若需要更精確的顏色說明，請與銷售代理聯絡，索取實際色樣板。所有特殊訂貨事宜請聯絡客戶服務部。

　　洗滌架看似簡單，其實在材質和設計上有諸多巧思。在用途分類上可分為：(1)多用途；(2)刀叉筷專用；(3)咖啡杯、湯杯；(4)玻璃杯用；(5)大盤專用。至於設計上值得一提的特點如下：

1. 洗滌架封閉式的外壁和開放式的內部分隔，可以確保水分和洗滌液都能完全流通，並且徹底的清潔和乾燥。
2. 洗滌完成後可以搭配推車方便運送，並且可以套上專屬的罩子避免外部污染。
3. 採用聚丙烯材質製造，在耐用度和耐摔度上都有一定的水準，而且能夠忍受化學洗滌劑和高達九十三度的高溫。
4. 特殊的設計能夠平穩的往上堆疊而不致傾倒。
5. 多向軌道系統設計是為了配合履帶型洗滌機的牽引，讓洗滌機更有效率的勾附到洗滌架，進行有效率的洗滌。
6. 外觀巧妙的把手設計，方便操作人員徒手搬運，並減少手部割傷的風險。

五、盤碟車

　　有了洗滌機之後，因為效率的提升，相對的隨著餐盤不斷地從洗滌機中洗出來，餐盤的存放反而有了時間上的壓力。根據統計，有履帶式洗滌設備的洗滌區發生破損的原因反倒是因為洗完餐盤後存放時不慎所產生。相信有實務經驗的人都多有同感，自動化洗滌設備在固定的時間後，餐盤就會被洗淨送出，如果不即刻收妥就會造成後方回堆，因此規劃良好的餐盤餐具存放空間就成了很重要的課題。盤碟車（見**圖9-11**）可說是最方便的選擇之一，除了容量大可以堆疊上百個餐盤之外，彈性的調整隔板可放置多種不同規格的餐盤，甚至附有輪子方便移動。

圖9-11　盤碟車

第四節　洗滌原理（成品資料、水溫、水壓、GRS、CWS）

一、洗滌力

　　洗滌設備最原始的目的就是要能有令人滿意的洗滌力來取代人工洗滌，因此多年來洗滌設備廠商的研發重點始終是放在提升洗滌效果、節約更多的能源（水、電）及洗潔劑上。這些可以從洗滌機內的噴頭角度、旋轉速率、水溫以及其他各種細微的設計來獲得改善。

　　就洗滌力而言，是指將洗滌物和油污分開的能力，以更簡單的話來形容，即洗滌力必須大於污物附著的能力，才能完成令人滿意的洗滌效果。再者，在洗滌力大於污物附著力的前提下，「大於」愈小愈好，也就是剛好足夠將餐具洗滌乾淨而不多浪費能源及清潔劑。洗滌力可簡單分為物理作用力（如人工預洗或機器洗滌）以及化學作用力（如清潔劑的使用），然而無論是物理作用力或是化學作用力，都因為時間、水溫、水壓以及洗潔劑的濃度而產生不同的洗滌效果。（整個洗滌力的構成要素見圖9-12）

　　就洗滌的物理原理來說，其實在整個洗滌過程中占了超過70%的影

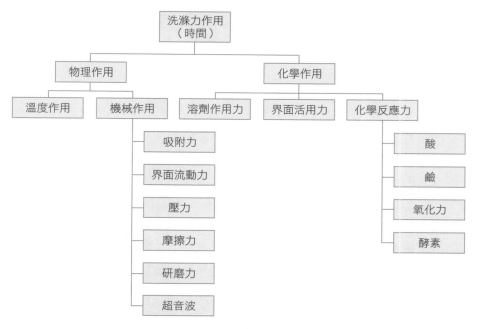

圖9-12　洗滌力的構成要素

響力。因為洗滌機在進行洗滌時，很重要的一個步驟就是透過高壓的水刀上下沖噴餐具，使油污能夠在瞬間被沖落。因此，良好的洗滌機務必配有足夠的水壓和良好的沖洗角度，將附著在餐具上的油污沖刷掉。通常噴射的壓力約在0.4至0.7kg/cm²，而有些大型的洗滌設備甚至有高達200kg/cm²的噴射水壓。由此可知水壓對於洗滌效果的重要性。

就化學作用力來說，其實說穿了洗滌就是一個酸鹼平衡或說是鹼性（洗滌清潔劑）大於酸性（餐盤上的油污）的作用原理。這些強效的鹼性清潔劑能夠在瞬間將餐具表面上的油污乳皂化，使它能夠溶於水中，再配合前述的物理原理讓水刀將乳皂化後的油污沖刷掉。因此，有一個很重要的觀念就是洗滌機必須勤於換水。洗滌機本身是一個內部循環的機器，隨著累積洗滌餐具數量的變多，機器內部循環水的酸性也隨之增高。此時機器為了達到滿意的洗滌效果，就會自動帶進更多的鹼性洗潔

劑來幫助洗滌，洗滌的成本也因之大為提高。因此，必須灌輸操作人員勤於換水的觀念，才能洗得乾淨也洗得節約。

二、水溫及水壓

　　要得到良好的洗滌及消毒效果，水溫和水壓都扮演著很重要的角色。一台合格的洗滌機，必須具備能夠維持適當水溫的能力。在洗滌的過程中，必須保持水溫維持在攝氏六十至六十五度以上的高溫，唯有這樣的溫度才能夠使清潔劑完全產生該有的洗滌效果。而在最後沖刷消毒的過程中，洗滌機必須能瞬間將水溫提高到八十二度以上，在此高溫的環境中除了能夠完成消毒的動作之外，也能夠讓界面活性劑（俗稱乾精）發揮作用，使餐具在洗滌完成後的數十秒內帶離水分，讓餐具完全的乾燥，否則的話，乾精無法作用只是徒增浪費而已。這也是為什麼多數的洗滌設備都內建有瞬間增溫器（Booster Heater）的原因。增溫器因為靠近洗滌機，水溫在進入洗滌機前的流失溫度非常有限，能夠幫助洗滌機內的水槽保持必須的溫度，並且能夠瞬間提供達八十二度的熱水作為消毒使用。

　　當然，在此還是建議最好在洗滌及進水時，就直接提供熱水來減輕增溫器及洗滌機的負荷。如果進水的水源是透過餐廳大型鍋爐或是瓦斯燃燒的方式，則能夠節省更多的電力成本。

　　水壓則是物理作用力的一個重要關鍵。洗滌機依照機型大小的不同，必須要能夠透過加壓馬達將水壓提升到〇‧五到二馬力的能力，才能確保創造出具足夠沖脫力的水刀。而且當機器動作時，為因應內部用水的需要，必須要能在短時間內作有效率的水循環。一般小型的洗滌機約為每分鐘循環五十到八十加侖（可參考洗滌機內部動作示意圖，見圖9-13）。目前已有業者引進國外知名品牌開發出GRS（Guaranteed Rinse System）技術，他們透過一個專屬的加熱設備，以確保有一定容量的熱水是在八十四度以上，並且在餐具洗滌的過程中封閉閥門，避免鍋爐的水和內部循環水相混合造成水溫下降，一直到進行清洗殺菌的動作時，

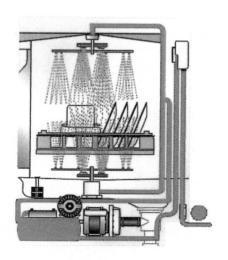

圖9-13　洗滌機內部動作示意圖

再由鍋爐釋放熱水來沖刷餐具，以確保餐具的洗潔劑能完全沖落，並且讓界面活性劑得以有效作用，幫助餐具在瞬間乾燥（見圖9-14）。

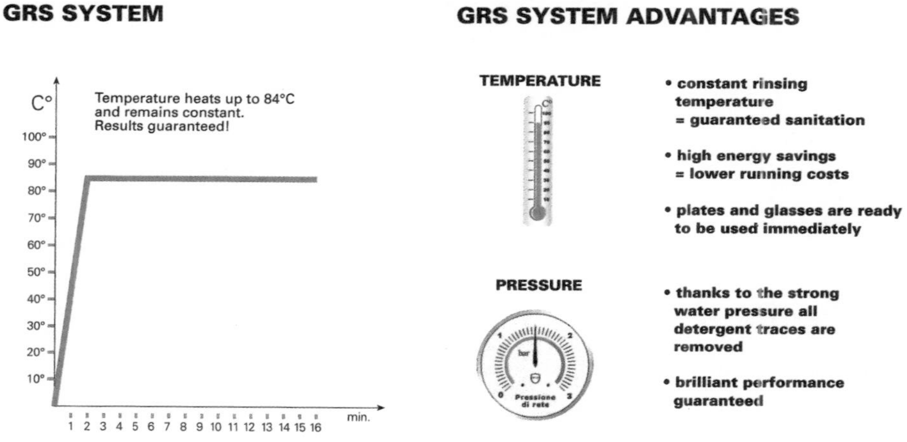

GRS SYSTEM

C°
Temperature heats up to 84°C
and remains constant.
Results guaranteed!

100°
90°
80°
70°
60°
50°
40°
30°
20°
10°

1 2 3 4 5 6 7 8 9 10 11 12 13 14 15 16　min.

GRS SYSTEM ADVANTAGES

TEMPERATURE

• constant rinsing
  temperature
  = guaranteed sanitation

• high energy savings
  = lower running costs

• plates and glasses are ready
  to be used immediately

PRESSURE

bar
Pressione
di rete

• thanks to the strong
  water pressure all
  detergent traces are
  removed

• brilliant performance
  guaranteed

圖9-14　GRS特點圖示說明

三、洗滌臂

　　在洗滌的過程中提到了水溫及水壓的重要性，但是水壓和洗滌臂的設計也有著密不可分的關係。除了材質必須有抗菌效果，還要定期監控水質的硬度，以避免硬水因為加熱產生了水垢而導致洗滌壁的噴水口阻塞，這些都是日常保養要注意的項目。洗滌機的幫浦將水送到洗滌機的上下兩組洗滌臂，藉由不同的噴水孔設計創造出不同角度的水刀，再經由馬達快速的旋轉洗滌臂，讓水刀產生最好的沖刷效果（見圖9-15）。

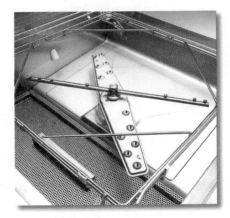

圖9-15　洗滌臂

　　綜上所述，可以將洗滌機的效益整理如下：

1.使用洗滌機可以大量減少水的消耗。

2.餐具器皿因為有專屬的洗滌框架，使破損率大幅降低。

3.洗滌品質令人滿意並且一致。

4.省時、省人力也省成本。

5.餐具器皿因為破損減少，碰撞機會降低，而延長使用年限。

6.有令人滿意的衛生標準。

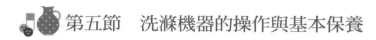

第五節　洗滌機器的操作與基本保養

　　一般而言，洗滌機的操作相當簡單，只要經過簡單的操作訓練、衛生知識灌輸及簡易的故障排除練習，多半就能有效率的操作洗滌設備。操作設備的主要步驟如下：（以下摘自誠品股份有限公司洗滌機操作手冊）

1. 開啟洗滌設備電源。
2. 將過濾網及止水閥、止水桿歸位。
3. 開啟注水按鈕或關艙門進行自動加水動作（需稍待片刻等水溫提升至所需溫度才會注水）。
4. 視機器廠牌不同及餐具髒污程度來設定洗滌時間，或是設定為自動模式。
5. 洗滌時注意溫度、過程、水壓變化是否正常。
6. 注意洗潔劑、乾精是否有消耗使用的變化。
7. 洗滌完成後檢視洗滌效果及乾燥速度。

停止操作之關機步驟如下：

1. 關閉電源。
2. 打開艙門稍待冷卻後，開啟排水閥、排水桿。
3. 取出殘渣與過濾網沖刷乾淨。
4. 取下擋水簾刷洗乾淨（只有履帶型洗滌機的兩邊出入口有配置擋水簾）。
5. 檢視洗滌臂是否旋轉平順，以及是否有變形或鬆脫的現象。
6. 檢視洗滌臂上噴水孔有無堵塞。
7. 檢視洗滌機內部水櫃是否有餐具（例如刀叉匙筷）掉落底部。
8. 清潔加熱管表面以保持加溫效率良好。
9. 以濕布擦拭機體外觀。
10. 將拆下的擋水簾、止水桿等配件晾乾，待隔日使用前再安裝上去。

11.注意洗滌區地面清潔，每日刷洗避免蟲鼠。

第六節　污物及清潔劑種類

一、污物種類

就餐廳的洗滌區而言，污物除了垃圾及廚餘之外，以洗滌設備的污物定義，簡而言之就是廚餘的細微物，例如菜渣、飯粒、麵條、油漬等。如果要仔細做物理結構上的區分，則可以有下列幾種分類方式：

(一)狀型分類

1.粒子狀污物：固體或液體粒子及微生物等。
2.覆膜狀污物：油脂或高分子的吸著膜等。
3.不定型污物：團塊狀的混合物。
4.溶解狀污物：分散微分子狀的污物等。

(二)化學組成分類

1.無機質：金屬類如金屬氧化物等。
2.非金屬類：如土石等。
3.有機質：碳水化合物，如澱粉、醣質。
4.蛋白質系：如生肉、血水等。
5.油脂系：如動植物油、礦物油。
6.其他有機物系：如色素。

(三)親水親油分類

1.親水性污物：如食鹽、水溶性金屬鹽。
2.親油性污物：如各種油脂。

(四)污染來源分類

1. 原屬性：如油脂（動植物脂肪）、碳水化合物（各式澱粉、砂糖）、蛋白質、色素。
2. 附加性：如口紅印、手垢指紋、塵垢、水垢等。

而在污物的本質結構中以碳水化合物、蛋白質以及油脂為最大宗。茲分述如下：

二、污物本質結構

(一)碳水化合物

以米飯、麵條等澱粉類最具代表性。這類污物通常黏著性極高，且隨著時間的增長會形成硬塊，強力附著在餐具上，絕非短短數十秒至一、二分鐘內便能藉由洗滌機徹底軟化並且沖洗乾淨。因此，對於附有這種污物的餐具，預先的浸泡就成為非常重要的洗滌前置步驟了。

(二)蛋白質

因為蛋白質本身含有氨基酸，遇熱後會產生質變，而且會有凝固的情況產生。為避免附有此類污物的餐具在進入洗滌機接受熱水沖洗後產生凝固而造成反效果，進入洗滌機前以噴槍沖洗就成了必要的步驟。這也是為何必須以噴槍沖水的方式預洗餐具的原因之一了。

(三)油脂

油脂因來自不同的動物或植物在屬性上略有不同，但是皆屬於酸性物質，且有遇冷產生凝固的情況。當在未凝固前或是遇熱融成液態後，也因為其覆膜狀的緣故而有著強大的附著力。因此必須用熱水使其先溶解，再透過洗滌機的鹼性清潔劑使其分解而與餐具分離。換句話說，熱水和鹼性洗滌劑是清洗油脂的重要元素。

三、洗滌劑的種類及構成要素

在使用洗滌劑前，首先就是要瞭解上述各種污物的屬性以及所需的功用，針對其物理及化學結構和原理來選擇適合的清潔劑，再搭配正確的水溫、水壓以達到令人滿意的洗滌效果。洗滌劑的種類可大致分為以下兩類：

1. 洗潔劑：可以有不同的型態，如液態、固態、粉狀、乳狀。餐廳可以依照洗滌機的機型款式選擇所需搭配的洗潔劑使用，其功能大同小異，都是為了去除餐具上的油脂、蛋白質等物質。洗潔劑可以依照其酸鹼值作簡單的成分分類，如**表9-1**所述。
2. 催乾劑（乾精）：是一種親水性很高的物質，主要的功能是讓洗淨的餐具上殘留的水分之表面張力變薄，再加上餐具因為洗滌和洗淨的過程經歷高水溫的沖洗，讓餐具本身的溫度拉高，進而讓已經沒有太多表面張力的水分快速蒸發。

就洗潔劑而言，其構成要素可分為以下四種：

(一)隔離劑

隔離劑的作用主要是在保護機器機體本身以及內部零組件（如洗滌臂等）。它可以將水中的礦物質分離並溶於水槽的水中隨著洗滌過程不斷地被循環，並且在最後排放水時一併被排出機體水槽外。尤其在臺灣南部地

表9-1　洗潔劑種類

種類	酸性洗潔劑	中性洗潔劑	弱鹼洗潔劑	鹼性洗潔劑	強鹼洗潔劑
PH值	<6.0	6.0~8.0	8.0~11.0	11.0~12.5	>12.5
主成分	硝酸	界面活性劑	硝酸鹽		苛性鈉
	磷酸	ABS、LAS、AOS溶劑	矽酸鹽		界面活性劑
	有機酸		磷酸鹽		EDTA螫合劑
			界面活性劑		

資料來源：誠品股份有限公司。

區多屬硬質水，經過高溫加熱極易產生礦物質，進而附著在機體上，水槽內的加熱管尤其明顯，會形成一層鈣化物質影響加熱效率。

(二)鹼劑

鹼劑的消耗多寡依據餐具污濁的程度而定，因為它決定了洗滌的滲透力和分解油垢的能力。鹼與隔離劑結合後，會讓油垢浮於水槽內的水面上，而不會殘留於餐具或機體上。鹼劑通常可分為：

1. 苛性鈉：屬於強鹼，對於去除殘留的油污、油垢最為有效。
2. 碳酸鈉：中鹼性，對於苛性鈉維持油污、油垢在水中的懸浮作用有加分的效果。
3. 矽酸鈉：介於中性鹼至強鹼之間。

(三)氯

氯具有色澤漂白的功用。可以協助餐具上的污垢分解和去除表面薄膜色垢。

(四)抑泡劑

洗潔劑（如鹼劑）其實本身並不會有發泡作用。泡沫產生是因為油垢中蛋白質經由洗滌機沖洗動作而產生。抑泡劑雖無法避免泡沫產生，但是可以使泡沫在很短時間內消失破滅。

第七節　洗滌機的機種選擇

洗滌機相較於廚房其他烹飪設備而言，在預算上並不算低。因此，在選擇機種時就更需深思熟慮，仔細考量以下幾個要點：

一、廚房的空間及動線

　　在寸土寸金的臺灣地區，餐廳的租金往往影響了整體的利潤空間。很多餐廳在規劃時就會盡量壓縮廚房空間，以爭取更多的桌位數。而在有限的廚房空間裡，不具烹飪功能的洗滌區往往被犧牲許多。

　　基本上，洗滌區應該在廚房進入後的不遠處，以方便外場人員將餐盤收進到廚房後能很快的進行分類和浸泡預洗。而備有適當空間的工作臺面方便人員堆疊分類餐具就顯得很重要。接著而來的水槽乃至於機體本身空間，還有洗滌出來後迅速分類整理並且儲存，也需要有理想的空間才能執行這些工作。

二、洗淨餐具的存放位置

　　在規劃時，盡可能和餐盤存放的位置不要相距太遠，如此可以增加洗滌後餐具完成存放的效率，並且減少運送過程中的破損機率。

三、與外場用餐區的距離

　　如果是開放式廚房或是礙於空間規劃的關係，使得洗滌餐具的位置離外場距離很近，並且無法做有效的隔音措施時，選購安靜的機型就是必要的考量。

四、餐飲的型態

　　自助餐型態的餐廳基於食品衛生考量，會要求客人每次取用餐點都用乾淨的餐盤，因此，一頓飯吃下來所用的餐盤會比一般正常型態的餐廳多出許多。再者，工廠、學校、軍隊的餐廳，因在短時間內瞬間湧入人員用餐，集體進出的人數龐大，必須考慮大型有效率的履帶型洗滌

機，並且配置充足的工作臺面空間。

五、座位數

　　每個機型都會有它的洗滌效率測試，餐廳可以依照規劃的座位數加上轉桌率的計算，瞭解一個餐期可能創造出必須洗滌的餐盤數量，以作為選購機型的參考。

六、水質

　　水質長期下來會影響洗滌的效率，必要時可考慮加裝軟水設備或濾水設備。

七、能源

　　餐廳可依照申請用電量是否滿足機型所需，對於能源的消耗做評估。或是利用鍋爐預熱水源提供給洗滌機，以減輕洗滌機內建瞬間加熱器的負擔，自然就可節省能源的使用並且降低成本。

八、經費預算

　　進口品牌雖然昂貴，但是有其一定卓越的品牌商譽和洗滌品質。本地品牌則有價廉物美的優勢。選購前不妨多加比較，依照本身的預算和未來的需求，並且考量後續的維修服務能力而定。近年也有業者提供月租方案，搭配專業人員的定期檢修，以降低業主初期的投資成本，不失為是一個好的選擇。

　　提供幾款不同規格的洗滌機供讀者比較參考（見**附件9-3**）。

附件9-3　不同規格的洗滌機比較表

HOOD TYPE DISHWASHER

Specifiers Guide

FEATURE	ACTIVE LS10 & 14E	LS9
Rinse System		
Active GRS	Yes	No
RBP	Yes	Option
Boiler Power (kW)	10,5 kW	9 kW
Wash System		
No of wash cycles	2/3	3
Wash cycles (")	* 55"-65"-120" inf.	55"-75"-300"
Wash capacity (plates/hour)	1000-1180	1170
Wash Tank (Lt)	43	42
Wash Pump (kW)	1,4	1,1
Control		
Type	Electronic	Electronic
Digital Display	Yes	Yes
Clean Cycle	Yes	No
Autodiagnostic	Yes	Yes
Hood		
Hood construction options	Single skin Insulated Automatic & Insulated	Single skin
N° of hood springs	2/3	3
Ceiling type	Double skin insulated	Single-skin
Rear protection cover	Stainless steel	PVC
Initial Heat up	via Boiler	via Tank
Tank filter	2 pcs with strainer bucket	1 pc

* LS10 has 65 "and 120" cycles

UNDERCOUNTER DISHWASHER

Specifiers Guide

FEATURE	ACTIVE LS6E	LS6	LS5
Rinse System			
Active GRS	Yes	No	No
RBP	Yes	No	Option
Boiler Power (kW)	6	6	4,5 or 2,8
Wash System			
No of wash cycles	3	3	1
Wash cycles (")	90"-180"-240"	90"-180"-240"	120"
Wash capacity (plates/hour)	720	720	540
Wash Tank (Lt)	23	23	33
Control			
Type	Electronic	Electronic	Electronic
Digital Display	Yes	Yes	No
Fault Diagnosis	Yes	Yes	No
Construction			
Sound proof insulated walls	Yes	Yes	No
Pressed tank	Yes	Yes	No
Washing arms	Stainless steel	Stainless steel	Plastic
Rinsing arms	Stainless steel	Stainless steel	Plastic
Counter balanced door	Yes	Yes	No

（續）附件9-3　不同規格的洗滌機比較表

FRONT LOADING DISHWASHER

Specifiers Guide

FEATURE	ACTIVE LU7	LU7
Rinse System		
Active GRS	Yes	No
RBP	Yes	No
Boiler Power (kW)	9	9
Wash System		
No of wash cycles	3	3
Wash cycles (")	55"-90"-300"	55"-90"-300"
Wash capacity (plates/hour)	1170	1170
Wash Tank (Lt)	42	42
Control		
Type	Electronic	Electronic
Digital Display	Yes	Yes
Fault Diagnosis	Yes	Yes
Construction		
Sound proof insulated walls	Yes	Yes
Washing arms	Stainless steel	Stainless steel
Rinsing arms	Stainless steel	Stainless steel
Counter balanced door	Yes	Yes

GLASSWASHER

Specifiers Guide

FEATURE	LB1 & 2	LB35 & 40
Versions		
350 mm square basket	No	Yes
400 mm square basket	Yes	Yes
Tall 400 mm round basket	Yes	No
350 mm round basket	No	Yes
400 mm round basket	No	Yes
With water-softener	Yes	No
Construction		
Wash arms	Stainless Steel	Plastic
Rinse arms	Stainless Steel	Plastic
Wash Tank	Pressed	Folded
Wash tank filter	Stainless steel	No
Walls	Pressed	Folded
	Double skin	Double skin
Counter balanced door	Yes	No
Control		
Cycles	1 or 2	1
Cold rinse option	Yes	No

（續）附件9-3　不同規格的洗滌機比較表

HOBART AM-3G　Hoodtype warewasher

Cycle time in second速度選擇（以秒計）	50/90
Machine capacity/Performance, racks/hr	80/40
Rack size洗籃尺寸（mm）	500×500
W*D*H 長*寬*高（mm）	695*701*440
Door open height入口高度（mm）	420
Wash Pump水泵功率KW	1.1
Tank heat水缸加熱功率KW	3KW
Booster過水加熱器功率KW	可選7KW或14KW或不裝設
Rinse usage(Liter/rack)耗水量（公升／籃）	3.0
Tank volume(liter)水缸容量（公升）	30
Net weight(kg)機身淨重（公斤）	130
Power required電能需求	220V / 60A / 3相
Electrical loading電力負荷 7(14)KW booster	11.5(18.5)KW fuse@25(40)A

HOBART H-500 Undercounter warewasher

Power電源需求（電壓／頻率／相）	230/50/3
Max最大使用量 （W瓦數）	3,650
Max最大電流 （A安培數）	16
Wash pump清洗泵浦（W瓦數）	620
Tank heater清洗槽加熱器（W瓦數）	3000
Booster heater熱交換器（W瓦數）	3000
Tank capacity清洗槽加熱容量（L公升）	33
Booster capacity熱交換器加熱容量（L公升）	6
Cycle time總洗滌時間（Sec秒）	60~180
Wash time清洗時間（Sec秒）	40~160
Rinse time沖洗時間（Sec秒）	20
Rinse usage(Liter/rack)耗水量（公升／籃）	3（2 bar之水壓）
Tank temperature補水溫度（℃）	50~55
Water hardness水質硬度	7~14
Water pressure水壓（bar）	2~4

Chapter 10

消防設備

第一節　前言

　　近年來隨著建築技術的不斷提升，有愈來愈多的餐廳業者選擇在高樓層經營餐飲事業，除了可以省下一樓店面昂貴的店租開銷之外，高樓所擁有的美麗窗景視野以及較好的隱密性，也都是吸引顧客上門消費用餐的一種新誘因。

　　以目前最具代表性的第一高大樓「臺北101」來說，位在高樓層的「隨意鳥地方」以及「欣葉101食藝軒」就相當具有代表性。傍晚時分來到餐廳窗邊看著夕陽餘暉照著臺北盆地，加上許多大廈、招牌繽紛絢爛的各式照明燈光，看來令人心情相當愉悅。到了情人節這種特別浪漫的日子時，要想在這些高樓窗景餐廳用餐還真得花上一番功夫呢！其他諸如新光三越臺北站前店、各大五星級飯店或其他百貨公司，也多有高樓餐廳設立，以滿足用餐饕客不同的需求。

　　然而也由於餐廳多半位在人口稠密的大樓內，平時出入人口眾多，如再遇上百貨公司週年慶等大型活動時，往往超過了安全的流量標準，而得動員保全人員管制人員進出。再者，餐廳無論在瓦斯、電力、火力各方面都有高程度的依賴，這些對於消防安全或是一些意外的產生都是潛在的危險因子。因此，政府多年來不斷地更新相關的法規，迫使餐廳業者全面提升消防警報及滅火等多項設備及訓練，以期讓消費者既吃得愉快也吃得安全，對於業者及工作人員多了一層的保障。

　　一九九五年二月十五日晚間七點左右的用餐時間，位在臺中市中港路上距離消防隊僅六百公尺距離的衛爾康餐廳，因為瓦斯管線破裂造成瞬間引燃形成大火，造成六十四人死亡，為臺灣歷年來死傷最嚴重的單一火災案件，此則悲劇新聞當時曾經引起包含CNN在內的國際媒體報導。事後根據調查，造成傷亡如此慘重的原因如下：

1.防火巷遭違建侵占，影響救火。

2.起火時餐廳未及時疏散顧客，試圖自行滅火未果反而使得消費者逃

生不及。

3.逃生通道被磚牆及金屬浪板堵死，原本是停車場及防火巷的空地也被餐廳改建成KTV。而餐廳僅剩的唯一出口，已被火勢吞噬。

4.裝潢均為易燃材質，導致短時間內即發生閃燃現象。

5.整片式強化玻璃落地窗未留有逃生窗口及緩降設備，致使人員無法敲破玻璃逃出火場。

此次事件對於臺灣後來相關消防制度的發展極具影響力。除了當時的政府官員向全民道歉，並有多人遭到監察院彈劾之外，消防單位及民意機關也陸續修訂了包含「消防法」、「建築技術法規」、「公寓大廈管理條例」等，實施公共場所必須使用防火建材，逃生通道必須保持暢通，餐飲業強制投保公共意外險等改革。更從制度面著手修改，將消防事務自警察機關中獨立出來，並且成立消防署落實警消分離制度。此後，臺灣地區的餐飲業者也才算真正的對於消防事務有了較具體的認同，並且也有了更明確的法令規章作為依循。

第二節　餐廳常見的消防設備

目前業者開設餐廳時所依據最新的消防法規為二○○七年十一月一日所頒定的「各類場所消防安全設備設置標準」，這個法案內容多達二百三十九條，其內容鉅細靡遺，舉凡各種營業場所的分類分級、各種消防設施的規格說明都詳加訂定，讓建築業者能有明確的法律規範，藉以協助餐廳業者導入符合法令標準的各種消防設備。其中不外乎滅火器、逃生避難指示燈、緊急照明燈、室內消防栓、自動灑水設備、火警自動警報設備、手動警報設備、緊急廣播系統、避難器具（如緩降機）、耐燃防焰建材等。

此法案也於第十二條中明令將餐廳業者歸類在甲類場所，而必須遵循此類場所所必須規劃配置的一切相關消防避難設備。其相關條文摘錄

如下：

第十二條　各類場所按用途分類如下：

一、甲類場所：

(一)電影片映演場所（戲院、電影院）、歌廳、舞廳、夜總會、俱樂部、理容院（觀光理髮、視聽理容等）、指壓按摩場所、錄影節目帶播映場所（MTV等）、視聽歌唱場所（KTV等）、酒家、酒吧、酒店（廊）。

(二)保齡球館、撞球場、集會堂、健身休閒中心（含提供指壓、三溫暖等設施之美容瘦身場所）、室內螢幕式高爾夫練習場、遊藝場所、電子遊戲場、資訊休閒場所。

(三)觀光旅館、飯店、旅館、招待所（限有寢室客房者）。

(四)商場、市場、百貨商場、超級市場、零售市場、展覽場。

(五)餐廳、飲食店、咖啡廳、茶藝館。

(六)醫院、療養院、長期照護機構、養護機構、安養機構、老人服務機構（限供日間照顧、臨時照顧、短期保護及安置者）、托嬰中心、早期療育機構、安置及教養機構（限收容未滿二歲兒童者）、護理之家機構、產後護理機構、身心障礙福利服務機構（限供住宿養護、日間服務、臨時及短期照顧者）、身心障礙者職業訓練機構（限提供住宿或使用特殊機具者）、啟明、啟智、啟聰等特殊學校。

(七)三溫暖、公共浴室。

同時該法案分別於第七、八、九、十、十一條做了以下定義：

第七條　各類場所消防安全設備如下：

一、滅火設備：指以水或其他滅火藥劑滅火之器具或設備。

二、警報設備：指報知火災發生之器具或設備。

三、避難逃生設備：指火災發生時為避難而使用之器具或設備。

四、消防搶救上之必要設備：指火警發生時，消防人員從事搶救活

動上必需之器具或設備。

五、其他經中央消防主管機關認定之消防安全設備。

第八條　滅火設備種類如下：

一、滅火器、消防砂。

二、室內消防栓設備。

三、室外消防栓設備。

四、自動撒水設備。

五、水霧滅火設備。

六、泡沫滅火設備。

七、二氧化碳滅火設備。

八、乾粉滅火設備。

第九條　警報設備種類如下：

一、火警自動警報設備。

二、手動報警設備。

三、緊急廣播設備。

四、瓦斯漏氣火警自動警報設備。

第十條　避難逃生設備種類如下：

一、標示設備：出口標示燈、避難方向指示燈、避難指標。

二、避難器具：指滑臺、避難梯、避難橋、救助袋、緩降機、避難
　　繩索、滑杆及其他避難器具。

三、緊急照明設備。

第十一條　消防搶救上之必要設備種類如下：

一、連結送水管。

二、消防專用蓄水池。

三、排煙設備（緊急昇降機間、特別安全梯間排煙設備、室內排煙
　　設備）。

四、緊急電源插座。

五、無線電通信輔助設備。

依據這些法令的規定加以彙整之後，可將餐廳所需的消防設備做以下簡要的比較（見**表10-1**）。

表10-1　餐廳規模與消防設備配置一覽表

	<300平方公尺且10樓以下建物	<300平方公尺且11樓以上建物	>300平方公尺且5樓以下建物	>300平方公尺且5樓以上10樓以下建物	>300平方公尺且11樓以上之建物
滅火器	○	○	○	○	○
照明燈	○	○	○	○	○
出口標示燈	○	○ 外加避難方向指示燈	○	○	○
避難器具如緩降機	○		○	○	
火警自動警報設備		○	○	○	○
自動灑水設備或室內消防栓		○	超過500平方公尺設室內消防栓 超過1,500平方公尺設自動灑水設備		
手動報警設備				○	○
緊急廣播設備		○	○	○	○

資料來源：(1)各類場所消防安全設備設置標準；(2)消防法及消防法施行細則。

一、滅火器

依據於二〇〇八年一月三日內授消字第0970820522號令發布的「滅火器認可基準修正規定」（見**附件10-1**）所定義，滅火器是指使用水或其他滅火劑（以下稱為滅火劑）驅動噴射壓力，進行滅火用之器具，且由人力操作者。但以固定狀態使用及噴霧式簡易滅火器，不適用之。並且將火災依照燃燒物質的不同分為四大類：

附件10-1　滅火器認可基準修正規定

滅火器認可基準修正規定

民國97年1月3日內授消字第0970820522號令發布

壹、技術規範及試驗方法

一、適用範圍

　　水滅火器、機械泡沫滅火器、二氧化碳滅火器及乾粉滅火器等滅火器,其構造、材質、性能等技術規範及試驗方法應符合本基準之規定。

二、用語定義

(一)滅火器:指使用水或其他滅火劑(以下稱為滅火劑)驅動噴射壓力,進行滅火用之器具,且由人力操作者。但以固定狀態使用及噴霧式簡易滅火器,不適用之。

(二)A類火災:指木材、紙張、纖維、棉毛、塑膠、橡膠等之可燃性固體引起之火災。

(三)B類火災:指石油類、有機溶劑、油漆類、油脂類等可燃性液體及可燃性固體引起之火災。

(四)C類火災:指電氣配線、馬達、引擎、變壓器、配電盤等通電中之電氣機械器具及電氣設備引起之火災。

(五)D類火災:指鈉、鉀、鎂、鋰與鋯等可燃性金屬物質及禁水性物質引起之火災。

三、適用性

(一)各種滅火器適用之火災類別如**表1**。

(二)各種滅火器用滅火藥劑應符合「滅火器用滅火藥劑認可基準」之規定。

表1　滅火器適用之火災類別

適用滅火器 火災分類	水	機械泡沫	二氧化碳	乾粉		
				ABC類	BC類	D類
A類火災	○	○	×	○	×	×
B類火災	×	○	○	○	○	×
C類火災	×	×	○	○	○	×
D類火災	×	×	×	×	×	○

備註:1.「○」表示適用,「×」表示不適用。

　　　2.水滅火器以霧狀放射者,亦可適用B類火災。

　　　3.泡沫滅火器:係由水成膜及表面活性劑等滅火劑產生泡沫者。

　　　4.乾粉:

　　　　(1)適用B、C類火災者:包括普通、紫焰鉀鹽等乾粉。

　　　　(2)適用A、B、C類火災者:多效乾粉(或稱A、B、C乾粉)。

　　　　(3)適用D類火災者:指金屬火災乾粉,不適用本認可基準。

　　　5.適用C類火災者,係指電氣絕緣性之滅火劑,本基準未規範滅火效能值之檢測,免予測試。

　　　6.適用B、C類火災之乾粉與適用A、B、C類火災之乾粉不可錯誤或混合使用。

【以下略】

A類火災：指木材、紙張、纖維、棉毛、塑膠、橡膠等之可燃性固體
　　　　引起之火災。此種火災之最有效滅火方式是以水或含有大
　　　　量水分的溶劑撲滅。

B類火災：指石油類、有機溶劑、油漆類、油脂類等可燃性液體及可
　　　　燃性固體引起之火災。如汽油、油氣、煤油、酒精等存放
　　　　於高溫易燃處所引起的火災。通常利用滅火器或是濕棉被
　　　　鋪蓋隔絕氧氣供應，以達到滅火效果。若以水來撲滅反而
　　　　容易造成起火範圍擴大蔓延。若有瓦斯外洩時，應先開啟
　　　　門戶達到空氣對流稀釋瓦斯的動作，千萬不可開啟任何電
　　　　器開關以避免電源火花引爆。

C類火災：指電氣配線、馬達、引擎、變壓器、配電盤等通電中之電
　　　　氣機械器具及電氣設備引起之火災。此類電線走火引發火
　　　　警發生時，應先切斷電源開關並且不可以以水滅火以免發
　　　　生觸電意外。利用乾式化學藥劑滅火器或是二氧化碳滅火
　　　　器等非導電式的滅火器較為安全。

D類火災：指鈉、鉀、鎂、鋰與鋯等可燃性金屬物質及禁水性物質引
　　　　起之火災。此類火災需使用特有的金屬化學乾粉才能有效
　　　　撲滅火勢，而不能使用普通形式的滅火器，因為滅火器的
　　　　化學物質易與燃燒物產生化學變化而使火勢變大。

(一)滅火器的種類

常見的滅火器種類則有：

1.泡沫滅火器：此類滅火器適用於木質或油性物質所引發的火災。利
　用其泡沫的特性將燃燒物的表面覆蓋住，以達到隔絕氧氣的目的，
　進而使火勢熄滅。此種滅火器的缺點是必須頻繁地更換內部藥劑
　（每年一次）。

2.乾粉滅火器：此類滅火器為目前最廣為一般配置使用的滅火器款

式。對一般普通火災或是電氣、油類引發的火災都適用。其內部填充物須每三年更換一次（見**圖10-1**），並應時常注意其壓力表是否壓力過高或失壓。

3.二氧化碳滅火器：此類滅火器主要適用於油類或電器類所引發的火災。除每三個月必須檢查滅火器是否失重而必須補充二氧化碳氣體之外，使用時也應注意火場的通風狀況以免發生意外。

4.海龍滅火器：此類滅火器體積小重量輕。所謂海龍（Halon），係指碳氫化合物（Bydrocarbons）中的氫原子，被鹵元素系列的氟（F）、氯（C1）、溴（Br）、 碘（I）等所取代化合物而成的鹵化烴（Halongenaateb Hydroc-arbons）的簡稱。這類化合物非但本身是不燃性，且具有滅火的功效。加上海龍滅火器具有不導電、不留殘渣物之優點，因此歐美先進國家很早就使用此滅火劑。海龍滅火劑的滅火原理，除了冷卻、窒息及稀釋外，最主要的是抑制作用，它能使燃燒的連鎖反應無法持續而熄滅。

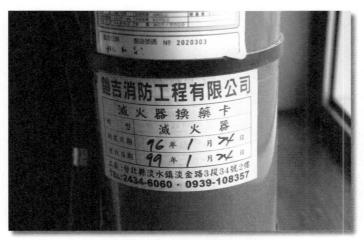

圖10-1 乾粉滅火器

(二)滅火器的使用

　　除了平常維持滅火器外觀潔淨而時常擦拭之外，必須時常檢查滅火器是否有失壓的狀況，以免萬一要使用時卻因為平日疏於檢點保養而無法及時滅火（見圖10-2）。而擺放的位置也必須依照「各類場所消防安全設備設置標準」第三十一條第三款所規定：「設有滅火器之樓層，自樓面居室任一點至滅火器之步行距離在二十公尺以下，且有清楚標示（見圖10-3）。」使用時之步驟如下：

1.提起滅火器後迅速至起火位置，此時以手的力量提起滅火器把手的下把位置（見圖10-4）。
2.拉開圓型安全插銷，為避免兒童玩耍可另外綁束安全插銷塑膠繩（見圖10-5）。
3.握住軟管朝向火源。
4.用力壓下把柄的上把使滅火乾粉噴向火源，並左右移動確實撲滅火源。
5.熄滅後再潑上冷水冷卻餘燼避免復燃。

圖10-2　滅火器壓力表

圖10-3　滅火器擺放

上把

下把

滅火器下把為固定式，以4隻手指
提起可支撐整支滅火器的重量
圖10-4　滅火器把手示意圖

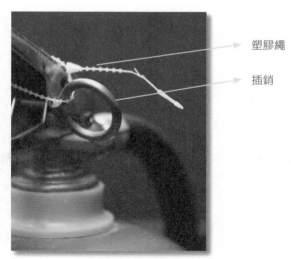

塑膠繩

插銷

圖10-5　滅火器插銷及塑膠繩

二、自動灑水裝置

　　此類自動滅火裝置甚為常見，其主要的原理是在灑水頭設有一個玻璃感熱裝置，當火警發生致火場溫度急劇提升後，就會造成玻璃爆裂，進而讓水沿著消防水管從灑水頭噴出。消防相關法規對於自動灑水裝置有嚴格且詳細的說明（請參考「各類場所消防安全設備設置標準」之相關條文）（見圖10-6、10-7）。

圖10-6　灑水頭

● 顯示灑水頭外蓋彈開，但感熱元件未破裂，無撒水
○ 顯示灑水頭外蓋彈開且感熱元件破裂撒水

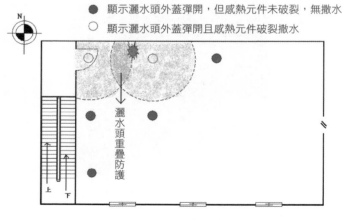

圖10-7　自動灑水頭示意圖

三、自動滅火器（廚房油煙罩上方）

　　廚房裡的自動滅火器裝置通常設置於餐廳熱罩上方的排油煙罩內，其主要的建構元件有自動溶斷式熱感應器、系統噴放控制器、藥劑鋼瓶、瓦斯遮斷閥、藥劑噴嘴、手拉釋放閥及藥劑管路等。平常的保養主要是檢點藥劑鋼瓶壓力是否正常，以及藥劑噴嘴應定期擦拭避免阻塞。當火警發生時，應立即關閉瓦斯火源並使用廚房專用的滅火器進行滅火，或是直接以手動方式釋放藥劑從爐火上方射出，達到撲滅火勢的目的。此系統也因配有自動噴灑裝置，當火源擴大周邊溫度提升後，會自動誘發感應器動作，進而使滅火藥劑迅速釋出（見圖10-8至圖10-11）。

圖10-8　廚房油煙罩附自動滅火器

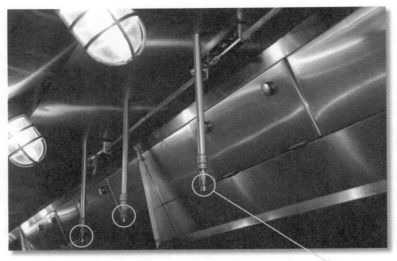

圖10-9　藥劑噴嘴　　　　　　　　　　　　藥劑噴嘴

圖10-10　自動滅火器之不鏽鋼鋼瓶箱

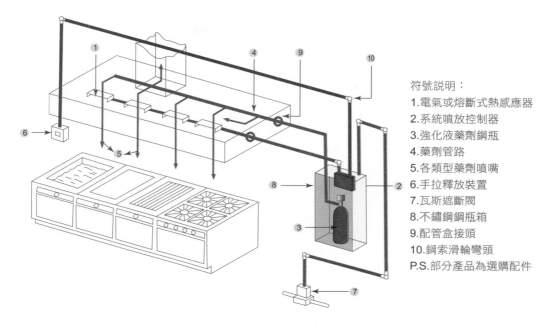

符號説明：
1.電氣或熔斷式熱感應器
2.系統噴放控制器
3.強化液藥劑鋼瓶
4.藥劑管路
5.各類型藥劑噴嘴
6.手拉釋放裝置
7.瓦斯遮斷閥
8.不鏽鋼鋼瓶箱
9.配管盒接頭
10.鋼索滑輪彎頭
P.S.部分產品為選購配件

圖10-11　自動滅火器之不鏽鋼鋼瓶箱箱內構造圖

四、防火門及緊急逃生走道

依據內政部二〇〇三年八月十九日所頒定的「建築技術規則建築設計施工編」第七十六條條文中所提到「防火門窗係指防火門及防火窗，其組件包括門窗扇、門窗樘、開關五金、嵌裝玻璃、通風百葉等配件或構材；其構造應依下列規定：

一、防火門窗周邊十五公分範圍內之牆壁應以不燃材料建造。

二、防火門之門扇寬度應在七十五公分以上，高度應在一百八十公分以上。

三、常時關閉式之防火門應依下列規定：

　　(一)免用鑰匙即可開啟，並應裝設經開啟後可自行關閉之裝置。

　　(二)單一門扇面積不得超過三平方公尺。

(三)不得裝設門止。

(四)門扇或門楗上應標示常時關閉式防火門等文字。

四、常時開放式之防火門應依下列規定：

(一)可隨時關閉，並應裝設利用煙感應器連動或其他方法控制之自動關閉裝置，使能於火災發生時自動關閉。

(二)關閉後免用鑰匙即可開啟，並應裝設經開啟後可自行關閉之裝置。

(三)採用防火捲門者，應附設門扇寬度在七十五公分以上，高度在一百八十公分以上之防火門。

五、防火門應朝避難方向開啟。但供住宅使用及宿舍寢室、旅館客房、醫院病房等連接走廊者，不在此限。

之所以會有上述的詳細規定，主要乃是因為有太多的火災案件往往因為逃生門、逃生走道規劃不良，或是未依規定保持走道淨空，甚至將逃生門上鎖，致使人員無法順利逃生而訂定。為避免憾事一再發生，所有餐廳百貨業者與任何公共場所均應確實落實逃生避難門及走道的良善管理（見圖10-12、10-13）。

五、手動警報系統

依照「各類場所消防安全設備設置標準」第二章第二節第一百二十九條的規定，每一個火警分區都應該設有火警發信機（見圖10-14）。其主要包含了：

1.按鈕時引發火警聲響。

2.按鈕前方要設保護板避免隨意撥弄。

3.設有緊急電話插座。

4.若是裝置於戶外的火警發信機應具有防水性能。

5.火警發信機之構造及功能必須符合CNS8876之規定。

圖10-12 逃生避難門

圖10-13 逃生避難走道

圖10-14 火警發信機

6.若有二樓層共用一個火警分區時,則火警發信機應分別設置。

六、室內消防栓

依照「各類場所消防安全設備設置標準」第三編第一章第一節第三十一至三十八條對於室內消防栓的配置及規格都有詳細的規範。而在裝設上必須能夠顯而易見,不被任何裝飾物或室內裝潢所遮蔽或掩蔽。除了定期的消防演練之外,平時應將消防水帶整理好掛附在箱內的掛勾上,避免緊急時卻因為水帶未善加整理而影響救災時效(見圖10-15至圖10-17)。

七、各式感測器

感測器對於消防事件發生初期的警報有著相當重要的功用。通常感測器可分為偵煙、定溫、差動(見圖10-18)三種型式。

圖10-15　消防設備應顯而易見

圖10-16　出水口水帶箱外觀

圖10-17　出水口水帶箱內部陳設

圖10-18　差動式感測器

1. **偵煙感測器**：又分為光電式及離子式，作用都是感應一定的「明暗度」以發揮警惕效果，通常是安裝在梯間及機房居多。
2. **差動感測器**：此種感測器的動作原理及標準為：在室溫攝氏三十度之溫度下以風速85cm/sec之垂直氣流直接吹向感測器時，應在三十秒內動作；且於室溫狀態下以平均每分鐘十五度之直線升溫速度之水平氣流吹向時，應在四分三十秒內動作。差動式感測器通常安裝在房間或客廳居多。
3. **定溫式感測器**：此種感測器的動作標準為：在溫度八十一‧二五度以風速1m/sec之垂直氣流直接吹向時，在四十秒內動作；在溫度五十度以風速1m/sec之垂直氣流直接吹向時，在十分鐘內動作。定溫式感測器通常以安裝在廚房者居多。

八、排煙閘門

排煙閘門（見**圖10-19**）是以大樓防火面積來估算設置。它的啟動是

圖10-19　排煙閘門

靠偵煙式感測器接受到煙霧信號後傳給受信總機，再由受信總機傳送電源給進排煙閘門，以開啟並完成進排風的動作。

九、緊急逃生指示燈、緊急照明燈

　　緊急逃生指示燈（見**圖**10-20）與緊急照明燈（見**圖**10-21）這兩種設施的目的是當火災事件發生時，因火場的電源中斷造成火場內的人員逃生困難，設置來指引並照明的設備，讓人員能夠依循燈號指示盡速逃生。此兩種燈具在顏色、材質、規格大小都有詳加規範〔可參考「各類場所消防安全設備設置標準」第二十四條第三節第一百五十七條以及消防署於二〇〇七年十一月公布，並自二〇〇八年一月一日起實施的「出口標示燈及避難方向指示燈認可基準」（見**附件**10-2）及「緊急照明燈認可基準」（見**附件**10-3）〕。這兩項照明設施最重要的保養要點除了平日確認照明燈具功能良好之外，更重要的是檢核蓄電池的蓄電供電能力，以確保在緊急的時候能發揮其應有的效果。

電源來自消防用電，燈具內亦有蓄電池做照明備用電力。

圖10-20　緊急逃生指示燈

平時連接電源進行蓄電，斷電時使用蓄電池電力自動照明。

圖10-21　緊急照明燈

附件10-2　出口標示燈及避難方向指示燈認可基準

出口標示燈及避難方向指示燈認可基準

中華民國96年11月2日內授消字第0960825641號令訂定

壹、技術規範及試驗方法

一、適用範圍

　　依各類場所消防安全設備設置標準規定設置之出口標示燈、避難方向指示燈等避難引導燈具（以下簡稱引導燈具），其構造、材質與性能等技術上之規範及試驗方法應符合本基準之規定。

二、用語定義

　　(一)引導燈具：避難引導的照明器具，分成出口標示燈、避難方向指示燈，平日以常用電源點燈，停電時自動切換成緊急電源點燈。依構造形式及動作功能區分如下：

　　　　1.內置型：內藏緊急電源的引導燈具。

　　　　2.外置型：藉由燈具外的緊急電源供電之引導燈具。

　　　　3.閃爍型：藉由動作信號使燈閃爍或連續閃光的引導燈具。

（續）附件10-2　出口標示燈及避難方向指示燈認可基準

4.複合顯示型：引導燈標示板及其他標示板於同一器具同一面上區分並置的引導燈具。

(二)出口標示燈：顯示避難出口之引導燈具。

(三)避難方向指示燈：設置於室內避難路徑、開闊場所及走廊，指引避難出口方向之引導燈具。

(四)閃爍裝置：接收動作信號，提高引導效果，使燈具閃爍之裝置。

(五)常用電源：平時供電至引導燈具之電源。

(六)緊急電源：常用電源斷電時，供電至引導燈具之電源。

(七)蓄電池裝置：組裝控制裝置及內藏蓄電池之裝置。

(八)控制裝置：引導燈具內部的切換裝置、充電裝置及檢查措施所構成的裝置。使用螢光燈為燈具時，其變頻器、安定器亦包含於此裝置內。

(九)外置裝置：引導燈具內部常用電源斷路時能立刻自動藉由器具外之緊急電源，使引導燈具點燈者，如變頻器或其他切換元件等。

(十)標示板：標明避難出口或避難方向之透光性燈罩。

(十一)檢查開關：檢查常用電源及緊急電源之切換動作，能暫時切斷常用電源之自動復歸型開關。

三、構造及性能

(一)構造

1.材料及零件之品質在正常使用狀態下應能充分耐久使用，且為容易更換之構造，便於保養、檢查及維修。

2.外殼應使用金屬或耐燃材料構成，且應固定牢固。

3.各部分應在正常狀態溫度下耐久使用，如使用合成樹脂時，須不因紫外線照射而顯著劣化。

4.裝設位置應堅牢固定。

5.於易遭受雨水或潮濕地方應有防水構造。電器於正常使用條件下應耐潮濕。

6.內藏緊急電源用之電池應採用可充電式密閉型蓄電池，容易保養更換、維修，並應符合下列規定：

(1)應為自動充電裝置及自動過充電防止裝置且能確實充電，但裝有不致產生過充電之電池或雖有過充電亦不致對其功能構造發生異常之電池，得免設置防自動過充電裝置。（過充電係指額定電壓之120％而言）

(2)應裝置過放電防止裝置，但裝有不致產生過放電之蓄電池或雖呈過放電狀態，亦不致對其功能構造產生異常者，不適用之。

7.應有防止觸電措施。

8.內部配線應做好防護措施，若有與電源接裝之出線，其截面積不得小於0.75 mm^2。

9.標示面及照射面所用材料應符合壹、十之規定，且不易破壞、變形或變色。

10.標示面圖形及尺度之大小如圖1：

（續）附件10-2　出口標示燈及避難方向指示燈認可基準

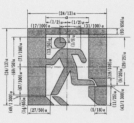

備註：
1. h為出口標示燈標示面之短邊長。
2. a= $\frac{1}{2}$h（設在通道或走廊之避難方向指示燈者為 $\frac{1}{3}$h）以上，$\frac{13}{24}$h以下。

備註：
1. h為出口標示燈或避難方向指示燈標示面之短邊長度。
2. b= $\frac{2}{5}$h以上，$\frac{4}{5}$h以下。c= $\frac{3}{5}$h以上，$\frac{13}{10}$h以下。

圖1　標示面圖形及尺度大小

11. 標示面之顏色、文字、符號圖型（包括箭頭等，以下亦相同）應符合下列規定，可加註英文字樣「EXIT」，其字樣不得大於中文字樣。
    (1) 出口標示燈：以綠色為底，用白色表示「緊急出口」字樣（包括文字與圖形），但設在避難路徑者，則用白色為底，綠色文字。
    (2) 避難方向指示燈：用白色為底，綠色圖型（包括圖形並列之文字）。但設在樓梯間者，則可用白色面處理。
    (3) 顏色之使用應符合中華民國國家標準（以下簡稱CNS）9328「安全用顏色通則」及CNS 9331「安全用色光通則」之規定。
12. 引導燈具可附加裝設閃爍裝置（包括調光裝置），此時閃光用電源可與主燈具電源共用。
13. 火災發生時接受由火警警報設備或緊急通報裝置所發出之訊號，能啟動預先設定之避難方向指示燈者，其功能應準確且正常。
14. 緊急電源時間應維持90分鐘以上。
15. 引導燈具除嵌入型者外，應裝電源指示燈及檢查開關。紅色顯示使用狀態，並安裝於從引導燈具外容易發現之位置。如顯示燈使用LED燈時，須為引導燈具使用中不用更換之設計。另嵌入型引導燈具應取下保護燈罩或透光性燈罩及標示板後，符合上開電源指示燈及檢查開關之規定。
16. 引導燈具除崁入型者外，底側應具有透光性（使用冷陰極管或LED光源者不在此限），以利人員疏散。
17. 引導燈具係利用常用電源常時點亮，停電時應自動更換為蓄電池電源或外置電源繼續照明。
18. 燈具之光源應使用螢光燈、冷陰極管、LED燈等。
19. 燈具配線與電源側電線之連接點溫度上升變化應在30℃以下。

（續）附件10-2 出口標示燈及避難方向指示燈認可基準

20.緊急電路配線不可露出引導燈具外。

21.外置型引導燈具使用螢光燈時，其緊急用電路應有保險絲等保護裝置。

22.標示面圖形參考如圖2：

出口標示燈用標示面（5：1~1：1）

避難方向指示燈用標示面（5：1~1：1）

(1) 出口標示燈 　　　　　　　　　　緊急出口
　　　　　　　　　　　　　　　　（綠底白字）

(2) 避難方向指示燈 　　　　　　　　緊急出口
　　　　　　　　　　　　　　　　（綠底白字）

圖2 標示面參考圖形

（續）附件10-2　出口標示燈及避難方向指示燈認可基準

23.引導燈具種類：依用途區分如**表1**：

表1　引導燈具種類

用途區分	大小區分				標示面數	電源區分	保護構造區分	特殊構造區分
	分級	標示面光度(cd)	標示面縱向尺寸(mm)	標示面之長邊和短邊比值				
出口標示燈	A級	50以上	400以上	1：1〜5：1	1、2或3以上之標示面數	電池內置	普通	閃爍 減光 顯示複合 非特殊構造品
	B級	10以上	200以上400未滿				防水	
	C級	1.5以上	100以上200未滿			電源外置	防爆	
避難方向指示燈	A級	60以上	400以上				防塵	減光 顯示複合 非特殊構造品
	B級	13以上	200以上400未滿					
	C級	5以上	100以上200未滿					

備註：1.標示面光度：係指以常用電源點燈時其表面平均光度，即表示平均亮度（cd/m^2）乘以標示面面積（m^2）所得之光度值（單位cd）。

　　　2.附有箭頭之出口標示燈僅限於A、B級。

　　　3.作為避難方向指示燈使用之C級，其長邊長度應在130mm以上。

(二)性能

　　1.燈具表面文字、圖形及顏色等，於該燈點亮時，應能正確辨認。

　　2.平均亮度：燈具標示面之平均亮度（包括單面及雙面）應依**表2**規定。

表2　燈具標示面平均亮度

燈具種類	平均亮度（cd/m^2）	
	常用電源	緊急電源
出口標示燈	150以上	100以上300未滿
避難方向指示燈	150以上	100以上300未滿

　　3.對電氣充分絕緣。

　　4.緊急電源用之蓄電池應採用可充式密閉型蓄電池。

（續）附件10-2　出口標示燈及避難方向指示燈認可基準

四、材質

　　(一)外殼應使用金屬或耐燃材料構成，各部分之構件應符合**表3**規定或具有同等以
　　　　上之性能：

表3　構件材料一覽表

零件名稱		材料
蓄電池	鎳鎘蓄電池	CNS 6036（圓筒密閉型鎳鎘蓄電池）
	鉛蓄電池	CNS 6034（可攜式鉛蓄電池）
安定器	螢光管用	CNS 927（螢光管用安定器）
		CNS 13755（螢光管用交流電子式安定器）
控制裝置		CNS 14816-1（低電壓開關裝置及控制裝置-第1部：通則）

　　(二)變頻器於緊急電源供電時，須穩定點亮燈具；所用半導體須為耐久型。
　　(三)標示面等透光性燈罩材料應為耐久性玻璃或合成樹脂，與燈具組合時須能確保
　　　　光特性，且不可有內藏零件之陰影等。

五、點燈試驗

　　燈具附有起動器者，應在15秒以內點燈，無起動器之瞬時型者應即瞬間點燈。

【以下略】

附件10-3　緊急照明燈認可基準

緊急照明燈認可基準

中華民國96年12月28日內授消字第0960826396號令修正

壹、技術規範及試驗方法

一、適用範圍

　　依各類場所消防安全設備設置標準規定設置之緊急照明燈，其構造、材質及性能
等技術上之規範及試驗方法，應符合本基準之規定。

二、用語定義

　　(一)緊急照明燈：係指裝設於各類場所中避難所須經過之走廊、樓梯間、通道等路
　　　　徑及其他平時依賴人工照明之照明燈具，內具備交直流自動切換裝置，平時以
　　　　常用電源對蓄電池進行充電，停電後切換至蓄電池供電，或切換至緊急電源供
　　　　電，作為緊急照明之用。依其構造形式及動作功能區分如下：
　　　　1.內置電池型緊急照明燈：內藏緊急電源的照明燈具。
　　　　2.外置電源型緊急照明燈：由燈具外的緊急電源供電之照明燈具。

（續）附件10-3　緊急照明燈認可基準

(二)蓄電池裝置：組裝控制裝置及內藏蓄電池之裝置。

(三)外置裝置：常用電源斷路時立刻自動地藉由器具外的緊急電源，使照明燈具點燈者，如變頻器或其他切換元件等。

(四)檢查開關：檢查常用電源及緊急電源之切換動作，能暫時切斷常用電源之自動復歸型開關。

三、構造、材質及性能

(一)外殼使用金屬或耐燃材料製成。金屬製者，須施予適當之防銹處理。

(二)內置電池型緊急電源應為可充電式密閉型電池及容易保養、更換、維修之構造。

(三)面板上應裝電源指示燈及檢查開關，不得有大燈開關。但大燈開關設計為內藏式或須使用工具開啟者，不適用之。

(四)線路應有過充電及過放電之保護裝置。

(五)內置電池型緊急電源供電照明時間應維持1.5小時以上（供緊急照明燈總數）後，其蓄電池電壓不得小於蓄電池額定電壓87.5%。

(六)正常使用狀態下，對於可能發生之振動、衝擊等，不得造成燈具接觸不良、脫落及各部鬆動破損等現象發生。

(七)對於點燈20小時產生之溫升，不得造成燈具各部變色、劣化等異狀發生，且不可影響光源特性及壽命。

(八)燈具外殼使用合成樹脂者，在正常使用狀況下，不因熱光等產生劣化或變形。

(九)電源變壓器應符合中華民國國家標準（以下簡稱CNS）1264「電訊用小型電源變壓器」第3.1節至第3.3節、第3.7節之規定。

(十)電源變壓器一次側（初級圈）之兩根引接線導體截面積每根不得小於$0.75mm^2$。

(十一)電池導線須用接線端子連接。

(十二)電源電壓二次側（次級圈）之電壓應在50V以下（含燈座、電路）。但使用螢光燈具者，不適用之。

(十三)燈具連續點燈100小時後不得故障。

(十四)內藏緊急電源用之電池應採用可充電式密閉型蓄電池，容易保養、更換及維修，並應符合下列規定：

　　1.有自動充電裝置及自動過充電防止裝置且能確實充電。但裝有不致產生過充電之電池或雖有過充電亦不致對其功能構造發生異常之電池，得不必設置防自動過充電裝置。（過充電係指額定電壓之120%而言）

　　2.裝置過放電防止裝置。但裝有不致產生過放電之蓄電池或雖呈過放電狀態，亦不致對其功能構造產生異常者，不適用之。

四、點燈試驗

燈具安裝於正常狀態，以每分鐘20次之速度開閉電源40次。於切斷常用電源時，燈具即亮；於接通常用電源時，燈具即熄滅。

（續）附件10-3　緊急照明燈認可基準

五、絕緣電阻試驗

　　使用直流500V高阻計，測量帶電部分與不帶電金屬間之絕緣電阻，均應為5 MΩ以上。

六、充電試驗

　　蓄電池電壓降達額定電壓20%以內時，應能自動充電。

七、耐電壓試驗

　　燈具之常用電源電壓未滿150V者，於壹、五之測試端施加交流電壓1000V或燈具之常用電源電壓為150V以上者，於壹、五之測試端施加交流電壓1500V，均應能承受1分鐘無異狀。

八、拉放試驗

　　燈具之電源線以16kg（156.8N）之拉力及電池導線以9kg（88.2N）之拉力，各實施1分鐘之測驗，該拉力不得傳動至端子接合處或內部電線。但嵌入式者，不適用之。

九、充放電試驗

　（一）鉛酸電池：本試驗應於常溫下，按下列規定依序進行，試驗中電池外觀不可有膨脹、漏液等異常現象。

　　　1.依照燈具標稱之充電時間充電之。

　　　2.全額負載放電1.5小時後，電池端電壓不得小於額定電壓之87.5%。

　　　3.再充電24小時。

　　　4.全額負載放電1小時後，電池端電壓不得小於額定電壓之87.5%。

　　　5.再充電24小時。

　　　6.全額負載放電24小時。

　　　7.再充電24小時。

　　　8.全額負載放電1.5小時後，電池端電壓不得小於額定電壓之87.5%。

　（二）鎳鎘或鎳氫電池：

　　　1.依照燈具標稱之充電時間進行充電，充足後具充電電流不得低於電池標稱容量之1/30C或高於1/10C。

　　　2.放電標準：將充足電之燈具，連續放電1.5小時後，電池之端電壓不得小於標稱電壓之87.5%，而測此電壓時放電之作業不得停止。

　　【以下略】

十、瓦斯遮斷閥

　　瓦斯遮斷閥（見**圖10-22**）主要的動作原理是和瓦斯偵測器產生連動。當瓦斯偵測器感測到有瓦斯外洩時，就會將訊號傳送到瓦斯遮斷

圖10-22　瓦斯遮斷閥受信盒兼具自動關閉瓦斯及復歸功能

閥，並隨即將瓦斯總開關自動關閉以避免災害擴大。對於瓦斯恢復供應的條件，則必須找出原始發報的瓦斯偵測器是哪一顆（通常會有LED燈閃爍顯示），進行復歸確認狀況排除後瓦斯才能夠恢復供應。

十一、防煙垂壁鋼絲玻璃

通常我們可以在大型的公共場所（如餐廳、百貨公司、捷運站等地方）發現天花板上掛設有垂直於天花板及地面的垂直玻璃，防煙垂壁鋼絲玻璃的高度約為二十至四十公分不等，是一般人較為陌生的一種消防安全設施。（見**圖10-23**）因空間大小而設計出所需的防煙玻璃層，其功能是防止失火時的濃煙擴散。因為失火時的熱氣會往上飄散，防煙玻璃可降低濃煙的流竄，具有阻隔作用，也有方便查出濃煙起火點的功能。所以大型的公共室內場所會有幾排的防煙玻璃層，以便遏止火災時煙霧的急速擴散。本項設備的設置須考量承受地震能力並須符合中華民國建築技術規則之地震規定。

玻璃則採用六十八毫米厚嵌鋼絲透明玻璃（見**圖10-24**）。整面的鋼絲網具有連貫性，如遇火災高溫造成玻璃破裂時，內部的鋼絲網有助玻璃不會散落傷人，並且可延長火災蔓延的時間。

圖10-23　防煙垂壁鋼絲玻璃

圖10-24　68毫米厚透明玻璃，鋼絲清晰可見

第三節　防火管理

　　依據「消防法」（見**附件10-4**）第十三、十四、十五條的規定：一定規模以上的公共場所（餐廳），應配置消防管理人執行一般消防業務。例如定期進行消防設備的檢修申報、消防防護計畫的擬定、防火演練等業務，希望藉由如此的機制讓餐廳能在消防安全防護上有多一些執行及預防。一般而言，消防管理人必須報名參加為期十六小時的講習，其授課內容包含了消防常識及火災預防、消防設施維護管理及操作要領、消防防護計畫以及自衛消防編組。

附件10-4　消防法

消防法

（中華民國96年1月3日華總一義字第09500186541號令修正公布第九條條文）

第一章　總則

第一條　為預防火災、搶救災害及緊急救護，以維護公共安全，確保人民生命財產，特制定本法。
　　　　本法未規定者，適用其他法律規定。

第二條　本法所稱管理權人係指依法令或契約對各該場所有實際支配管理權者；其屬法人者，為其負責人。

第三條　消防主管機關：在中央為內政部；在直轄市為直轄市政府；在縣（市）為縣（市）政府。

第四條　直轄市、縣（市）消防車輛、裝備及其人力配置標準，由中央主管機關定之。

第二章　火災預防

第五條　直轄市、縣（市）政府，應舉辦防火教育及宣導，並由機關、學校、團體及大眾傳播機構協助推行。

第六條　下列場所之管理權人應設置並維護其消防安全設備：
　　　　一、依法令應有消防安全設備之建築物。
　　　　二、一定規模之工廠、倉庫、林場。
　　　　三、公共危險物品與高壓氣體製造、分裝、儲存及販賣場所。
　　　　四、大眾運輸工具。

（續）附件10-4　消防法

<table>
<tr><td></td><td>五、其他經中央主管機關核定之場所。
直轄市、縣（市）消防機關得依前項場所之危險程度，分類列管檢查；經檢查不合規定者，應即通知限期改善，並予複查。
第一項各類場所消防安全設備設置標準，由中央主管機關定之。</td></tr>
<tr><td>第七條</td><td>依各類場所消防安全設備設置標準設置之消防安全設備，其設計、監造應由消防設備師為之；其裝置、檢修應由消防設備師或消防設備士為之。
前項消防安全設備之設計、監造、裝置及檢修，於消防設備師或消防設備士未達定量人數前，得由現有相關專門職業及技術人員或技術士暫行為之；其期限由中央主管機關定之。
消防設備師之資格及管理，另以法律定之。
在前項法律未制定前，中央主管機關得訂定消防設備師及消防設備士管理辦法。</td></tr>
<tr><td>第八條</td><td>中華民國國民經消防設備師考試及格並依本法領有消防設備師證書者，得充消防設備師。
中華民國國民經消防設備士考試及格並依本法領有消防設備士證書者，得充消防設備士。
請領消防設備師或消防設備士證書，應具申請書及資格證明文件，送請中央主管機關核發之。</td></tr>
<tr><td>第九條</td><td>依第六條第一項應設置消防安全設備場所，其管理權人應委託第八條所規定之消防設備師或消防設備士，定期檢修消防安全設備，其檢修結果應依限報請當地消防機關備查；消防機關得視需要派員複查。但高層建築物或地下建築物消防安全設備之定期檢修，其管理權人應委託中央主管機關審查合格之專業機構辦理。
應設消防安全設備之集合住宅，其消防安全設備定期之檢查，得由直轄市、縣（市）消防機關聘用或委託消防專業人員辦理，經費由地方主管機關編列預算支付，中央主管機關補助；其補助辦法由中央主管機關另定之。</td></tr>
<tr><td>第十條</td><td>供公眾使用建築物之消防安全設備圖說，應由直轄市、縣（市）消防機關於主管建築機關許可開工前，審查完成。
依建築法第三十四條之一申請預審事項，涉及建築物消防安全設備者，主管建築機關應會同消防機關預為審查。非供公眾使用建築物變更為供公眾使用或原供公眾使用建築物變更為他種公眾使用時，主管建築機關應會同消防機關審查其消防安全設備圖說。</td></tr>
<tr><td>第十一條</td><td>地面樓層達十一層以上建築物、地下建築物及中央主管機關指定之場所，其管理權人應使用附有防焰標示之地毯、窗簾、布幕、展示用廣告板及其他指定之防焰物品。
前項防焰物品或其材料非附有防焰標示，不得銷售及陳列。
前二項防焰物品或其材料之防焰標示，應經中央主管機關認證具有防焰性</td></tr>
</table>

（續）附件10-4　消防法

	能。
第十二條	經中央主管機關公告應實施檢驗之消防機具、器材與設備，非經檢驗領有合格標示者，不得銷售、陳列及設置使用。
	前項檢驗，除經濟部公告為應施檢驗品目者外，由中央主管機關辦理或委託設有檢驗設備之機關（構）、學校、團體辦理。
第十三條	一定規模以上供公眾使用建築物，應由管理權人，遴用防火管理人，責其製定消防防護計畫，報請消防機關核備，並依該計畫執行有關防火管理上必要之業務。地面樓層達十一層以上建築物、地下建築物或中央主管機關指定之建築物，其管理權有分屬時，各管理權人應協議製定共同消防防護計畫，並報請消防機關核備。
	防火管理人遴用後應報請直轄市、縣（市）消防機關備查；異動時，亦同。
第十四條	下列易生災害之行為，應向直轄市、縣（市）消防機關申請許可： 一、山林、田野引火燃燒。 二、使用炸藥爆破施工。 三、施放煙火。
第十五條	公共危險物品及可燃性高壓氣體應依其容器、裝載及搬運方法進行安全搬運；達管制量時，應在製造、儲存或處理場所以安全方法進行儲存或處理。
	前項公共危險物品及可燃性高壓氣體之範圍及分類，製造、儲存或處理場所之位置、構造及設備之設置標準，儲存、處理及搬運之安全管理辦法，由中央主管機關會同中央目的事業主管機關定之。但公共危險物品及可燃性高壓氣體之製造、儲存、處理或搬運，中央目的事業主管機關另定有安全管理規定者，依其規定辦理。
第十五條之一	使用燃氣之熱水器及配管之承裝業，應向直轄市、縣（市）政府申請營業登記後，始得營業。並自中華民國九十五年二月一日起使用燃氣熱水器之安裝，非經僱用領有合格證照者，不得為之。
	前項承裝業營業登記之申請、變更、撤銷與廢止、業務範圍、技術士之僱用及其他管理事項之辦法，由中央目的事業主管機關會同中央主管機關定之。
	第一項熱水器及其配管安裝標準，由中央主管機關定之。
	第一項熱水器應裝設於建築物外牆，或裝設於開口且與戶外空氣流通之位置；其無法符合者，應裝設熱水器排氣管將廢棄排至戶外。
第三章　災害搶救	
第十六條	各級消防機關應設救災救護指揮中心，以統籌指揮、調度、管制及聯繫救災、救護相關事宜。
第十七條	直轄市、縣（市）政府，為消防需要，應會同自來水事業機構選定適當地點，設置消防栓，所需費用由直轄市、縣（市）政府、鄉（鎮、市）公所

（續）附件10-4　消防法

	酌予補助；其保養、維護由自來水事業機構負責。
第十八條	電信機構，應視消防需要，設置報警專用電話設施。
第十九條	消防人員對火災處所及其周邊，非使用或損壞其土地、建築物、車輛及其他物品或限制其使用，不能達搶救之目的時，得使用、損壞或限制其使用。
	直轄市、縣（市）政府對前項土地或建築物之使用、損壞或限制使用所致之損失，得視實際狀況酌予補償。但對應負引起火災責任者，不予補償。
第二十條	消防指揮人員，對火災處所周邊，得劃定警戒區，限制人車進入，並得疏散或強制疏散區內人車。
第二十一條	消防指揮人員，為搶救火災，得使用附近各種水源，並通知自來水事業機構，集中供水。
第二十二條	消防指揮人員，為防止火災蔓延、擴大，認有截斷電源、瓦斯必要時，得通知各該管事業機構執行之。
第二十三條	直轄市、縣（市）消防機關，發現或獲知公共危險物品、高壓氣體等顯有發生火災、爆炸之虞時，得劃定警戒區，限制人車進入，強制疏散，並得限制或禁止該區使用火源。
第二十四條	直轄市、縣（市）消防機關應依實際需要普遍設置救護隊；救護隊應配置救護車輛及救護人員，負責緊急救護業務。
	前項救護車輛、裝備、人力配置標準及緊急救護辦法，由中央主管機關會同中央目的事業主管機關定之。
第二十五條	直轄市、縣（市）消防機關，遇有天然災害、空難、礦災、森林火災、車禍及其他重大災害發生時，應即配合搶救與緊急救護。

第四章　火災調查與鑑定

第二十六條	直轄市、縣（市）消防機關，為調查、鑑定火災原因，得派員進入有關場所勘查及採取、保存相關證物並向有關人員查詢。火災現場在未調查鑑定前，應保持完整，必要時得予封鎖。
第二十七條	直轄市、縣（市）政府，得聘請有關單位代表及學者專家，設火災鑑定委員會，調查、鑑定火災原因；其組織由直轄市、縣（市）政府定之。

第五章　民力運用

第二十八條	直轄市、縣(市)政府，得編組義勇消防組織，協助消防、緊急救護工作；其編組、訓練、演習、服勤辦法，由中央主管機關定之。
	前項義勇消防組織所需裝備器材之經費，由中央主管機關補助之。
第二十九條	依本法參加義勇消防編組之人員接受訓練、演習、服勤時，直轄市、縣（市）政府得依實際需要供給膳宿、交通工具或改發代金。參加服勤期間，得比照國民兵應召集服勤另發給津貼。
	前項人員接受訓練、演習、服勤期間，其所屬機關（構）、學校、團體、公司、廠場應給予公假。

（續）附件10-4　消防法

第三十條　依本法參加編組人員，因接受訓練、演習、服勤致患病、傷殘或死亡者，依其本職身分有關規定請領各項給付。無法依前項規定請領各項給付者，依下列規定辦理：

一、傷病者：得憑消防機關出具證明，至指定之公立醫院或特約醫院治療。但情況危急者，得先送其他醫療機構急救。

二、因傷致殘者，依下列規定給與一次殘障給付：

(一)極重度與重度殘障者：三十六個基數。

(二)中度殘障者：十八個基數。

(三)輕度殘障者：八個基數。

三、死亡者：給與一次撫卹金九十個基數。

四、受傷致殘，於一年內傷發死亡者，依前款規定補足一次撫卹金基數。

前項基數之計算，以公務人員委任第五職等年功俸最高級月支俸額為準。

第二項殘障等級鑑定，依殘障福利法施行細則辦理。

依第一項規定請領各項給付，其已領金額低於第二項第二款至第四款規定者，應補足其差額。

第二項所需費用及前項應補足之差額，由消防機關報請直轄市、縣（市）政府核發。

第三十一條　各級消防主管機關，基於救災及緊急救護需要，得調度、運用政府機關、公、民營事業機構消防、救災、救護人員、車輛、船舶、航空器及裝備。

第三十二條　受前條調度、運用之事業機構，得向該轄消防主管機關請求下列補償：

一、車輛、船舶、航空器均以政府核定之交通運輸費率標準給付；無交通運輸費率標準者，由各該消防主管機關參照當地時價標準給付。

二、調度運用之車輛、船舶、航空器、裝備於調度、運用期間遭受毀損，該轄消防主管機關應予修復；其無法修復時，應按時價並參酌已使用時間折舊後，給付毀損補償金；致裝備耗損者，應按時價給付。

三、被調度、運用之消防、救災、救護人員於接受調度、運用期間，應按調度、運用時，其服務機構或僱用人所給付之報酬標準給付之；其因調度、運用致患病、傷殘或死亡時，準用第三十條規定辦理。

人民應消防機關要求從事救災救護，致裝備耗損、患病、傷殘或死亡者，準用前項規定。

第六章　罰責

第三十三條　毀損消防瞭望臺、警鐘臺、無線電塔臺、閉路電視塔臺或其相關設備者，處五年以下有期徒刑或拘役，得併科新臺幣一萬元以上五萬元以下罰金。

前項未遂犯罰之。

（續）附件10-4　消防法

第三十四條	毀損供消防使用之蓄、供水設備或消防、救護設備者，處三年以下有期徒刑或拘役，得併科新臺幣六千元以上三萬元以下罰金。 前項未遂犯罰之。
第三十五條	依第六條第一項應設置消防安全設備之供營業使用場所，其管理權人未依規定設置或維護，於發生火災時致人於死者，處一年以上七年以下有期徒刑，得併科新臺幣一百萬元以上五百萬元以下罰金；致重傷者，處六月以上五年以下有期徒刑，得併科新臺幣五十萬元以上二百五十萬元以下罰金。
第三十六條	有下列情形之一者，處新臺幣三千元以上一萬五千元以下罰鍰： 一、謊報火警者。 二、無故撥火警電話者。 三、不聽從依第十九條第一項、第二十條或第二十三條所為之處置者。 四、拒絕依第三十一條所為調度、運用者。 五、妨礙三十四條第一項設備之使用者。
第三十七條	違反第六條第一項消防安全設備設置、維護之規定或第十一條第一項防焰物品使用之規定，經通知限期改善，逾期不改善或複查不合規定者，處其管理權人新臺幣六千元以上三萬元以下罰鍰；經處罰鍰後仍不改善者，得連續處罰，並得予以三十日以下之停業或停止其使用之處分。規避、妨礙或拒絕第六條第二項之檢查、複查者，處新臺幣三千元以上一萬五千元以下罰鍰，並按次處罰及強制執行檢查、複查。
第三十八條	違反第七條第一項規定從事消防安全設備之設計、監造、裝置及檢修者，處新臺幣一萬元以上五萬元以下罰鍰。違反第九條有關檢修設備之規定，經通知限期改善，逾期不改善者，處其管理權人新臺幣一萬元以上五萬元以下罰鍰；經處罰鍰後仍不改善者，得連續處罰。消防設備師或消防設備士為消防安全設備不實檢修報告者，處新臺幣二萬元以上十萬元以下罰鍰。
第三十九條	違反第十一條第二項或第十二條第一項銷售或設置之規定者，處其銷售或設置人員新臺幣二萬元以上十萬元以下罰鍰；其陳列經勸導改善仍不改善者，處其陳列人員新臺幣一萬元以上五萬元以下罰鍰。
第四十條	違反第十三條規定，經通知限期改善逾期不改善者，處其管理權人新臺幣一萬元以上五萬元以下罰鍰；經處罰鍰後仍不改善者，得連續處罰。
第四十一條	違反第十四條規定者，處新臺幣一千元以上六千元以下罰鍰。
第四十二條	第十五條所定公共危險物品及可燃性高壓氣體之製造、儲存或處理場所，其位置、構造及設備未符合設置標準，或儲存、處理及搬運未符合安全管理規定者，處其管理權人或行為人新臺幣二萬元以上十萬元以下罰鍰；經處罰鍰後仍不改善者，得連續處罰，並得予以三十日以下停業或停止其使用之處分。

（續）附件10-4　消防法

第四十二條之一	違反第十五條之一，有下列情形之一者，處負責人及行為人新臺幣一萬元以上五萬元以下罰鍰，並得命其限期改善，屆期未改善者，得連續處罰或逕予停業處分： 一、未僱用領有合格證照者從事熱水器及配管之安裝。 二、違反第十五條之一第三項熱水器及配管安裝標準從事安裝　工作者。 三、違反或逾越營業登記事項而營業者。
第四十三條	拒絕依第二十六條所為之勘查、查詢、採取、保存或破壞火災現場者，處新臺幣三千元以上一萬五千元以下罰鍰。
第四十四條	依本法應受處罰者，除依本法處罰外，其有犯罪嫌疑者，應移送司法機關處理。
第四十五條	依本法所處之罰鍰，經限期繳納逾期未繳納者，由主管機關移送法院強制執行。
第七章　附則	
第四十六條	本法施行細則，由中央主管機關擬訂，報請行政院核定後發布之。
第四十七條	本法自公布日施行。

資料來源：取自「全國法規資料庫」。另因「消防法」時有更新，為方便讀者上網查詢利用，茲附上QR Code供查詢最新資訊。

第四節　消防安全設備檢修申報制度

　　公共場所在配置了大量的消防設備之後，並非如此就可以高枕無憂了，災害的預防最重要的關鍵因素之一就是災害發生時，這些平常備而不用的消防救災設備是否能夠發揮養兵千日用在一時的效果。萬一在救災當下卻發生滅火器失壓、過期、消防栓沒有水源、緊急照明燈照明不亮，那就枉費了配置這些設備，也可能斷送了人員逃生的契機。因此，定期完整的消防設備檢修並且確實依法向消防機關申報，就成了重要的課題，好讓消防的預防觀念能夠更加落實執行。

　　一九九五年八月十一日所頒定的「消防法」明定了消防設備檢修申報制度的相關規定，將過去由各縣市消防單位所執行的檢查業務，轉由

每半年（或一年）由合格的專業機構，或是消防設備師（士）定期為公共場所進行消防設備總體檢，並代為向消防單位完成申報以示負責。

　　當然，消防單位仍會在收到由消防設備師（士）所代為申報的消防設備檢修報告之後，不定期的再做複檢，而受檢單位可以請消防設備師到場陪同受檢（見**附件10-5**）。

🏺 第五節　消防防護計畫

　　依據「消防法」第十三條規定：「一定規模以上供公眾使用之建築物，應由管理權人遴用防火管理人，責其製定消防防護計畫，報請消防機關核備並依該計畫執行有關防火管理上必要之業務。地面樓層達十一層以上建築物、地下建築物或中央主管機關指定之建築物，其管理權有分屬時，各管理權人應協議製定共同消防防護計畫，並報請消防機關核備。防火管理人遴用後應報請直轄市、縣（市）消防機關備查；異動時，亦同。」

　　在其他法條上並且明文規定：公共場所業者應每月自行檢查消防設備一次，每半年則必須執行超過四小時以上的防護計畫演練，希望藉由反覆的演練讓萬一消防事件發生時，從業人員都能從容不迫訓練有素地疏散人員，並做第一時間的救災。因此，餐廳業者必須每半年就依法執行演練，將人員做編組分為指揮、通報、滅火、避難引導、安全防護及救護等六組，再依照各組的執掌進行演練。過程中可預先知會轄區消防單位到場指導，甚至提供必要的消防救災器具做演練協助。

　　演練當中必須拍照存檔並且填具「自衛消防編組及任務一覽表」（見**附件10-6**）、「自衛消防編組聯合訓練計畫通報表」（見**附件10-7**），在演練結束後將相關文件及演練照片送交消防單位存查。

附件10-5　臺北市政府消防局消防安全檢（複）查紀錄表

臺北市政府消防局消防安全檢（複）查紀錄表

檢查種類	□第一種 □第二種 □第三種 □其他	□年時檢查 □獨立登記 □檢修申報複查 □檢舉案件 □營利事業登記 □聯合檢查 □其他　　專案檢查	場所類別	□甲類 □乙類 □丙類 □丁類 □戊類 □己類	場所編號	
檢查地址	區　　大道·路（街）　段　巷　弄　號　樓之	檢查單位	第　故晃救護大隊　檢（複）查 年　月　日 中隊　分隊	時　分		

檢修機構（公司）名稱：		電話：	場所名稱：	（市招：　　　）電話：
檢修人員姓名：	證書字號：	電話：	管理權人（所有權人）：	身分證字號：　　電話：
檢修人員姓名：	證書字號：	電話：	防火管理人：	證書字號：　　電話：

| 場所資料 建築物使用：　建築物總樓層：地上　層·地下　層使用總樓地板面積　　□場所判定用途：　營利事業登記證（立業證書） |

| 第 | | 防火管理 | □符合 □未選用防火管理人（含異動） □未製定消防防護計畫 □未實施自衛消防編組訓練 □一次演練日期：　年　月　日 □未依消防法令執行防火管理事項 □防火管理人未接受複訓 □本場所免設防火管理人 □其他 | 檢修申報 | □符合 □　年　半年年未辦理消防安全設備檢修申報 □　年度未辦理消防安全設備申報 □檢修申報 □發現專技人員未實際檢修 □本場所免辦理檢修申報 □其他 | 防焰規制 | □現場無相關防焰物品 □符合 □地毯　□窗簾 □布幕 □未依規定設置 □地毯 □防焰標示物品 □窗簾 □布幕 □本場所得免設防焰標示物品 □其他 | 容留人數 | □現場無相關防焰物品 □未檢修 □容留人數超過 □本場所免檢修 核備號碼： 核准人數：_____ |

	項別	檢（複）查情形	項別	檢（複）查情形	項別	檢（複）查情形	項別	檢（複）查情形
一種	滅火器	□符合 □缺少損壞 □數量不足（滅火效能值） □壓力不足 □其他	泡沫滅火設備	□符合 □泵浦組件故障 □泡沫液變質或變質 □泡沫頭損壞或拆除 □感知撒水頭損壞或拆除 □警報裝置故障 □緊急電源故障或拆除 □本場所免設 □其他	緊急廣播設備	□符合 □擴音器損壞或拆除 □揚聲器故障或拆除 □緊急電源故障或拆除 □其他	連結送水管	□符合 □中繼泵浦組件故障 □緊急聯絡電話故障 □手動啟動裝置故障 □水帶箱（控制器）故障 □出水口損壞或遮蔽 □送水口損壞或拆除 □緊急電源故障或拆除 □其他
檢	室內（含連外結送水管設）外結消防栓設	□符合 □泵浦組件故障 □箱內泵操作障礙 □消防栓箱操作障礙 □放水壓力不足　kg/cm2 □水帶長度不足 □啟動裝置故障 □配線故障 □緊急電源故障或拆除 □其他 □本場所免設	海龍、乾粉、CO2滅火設備	□符合 □啟動裝置故障 □控制盤故障 □警報裝置故障 □貯藏容器故障 □緊急電源故障或拆除 □其他	避難器具	□符合 □故障或拆除 □開口面積不足 □下降空間障礙 □下降空地障礙 □標示損壞 □本場所免設或拆除 □其他	室內排煙設備	□符合 □排煙機故障 □排煙閘門故障或遮蔽 □連動機構（探測器）故障 □手動啟動裝置故障 □排煙量不足（實測）　m³/分 □防煙區劃損壞或遮蔽 □自然排煙口故障或面積不足　m³/分 □緊急電源故障或拆除 □本場所免設 □其他
種	自動撒水設備	□符合 □泵浦組件故障 □撒水頭損壞或拆除 □放水壓力不足 □送水口損壞未標示 □警報裝置故障 □放水壓力不足　kg/cm2 □緊急電源故障或拆除 □本場所免設 □其他	火警自動警報設備（手動）	□符合 □受信總機故障 □探測器損壞或拆除 □火警警鈴故障 □火警發信機故障 □配線故障 □緊急電源故障或拆除 □本場所免設 □其他	標示設備	□符合 □故障或拆除 □亮度不足 □不符 □緊急電源故障或拆除 □本場所免設 □其他	緊急排煙（送風）機故障、排煙特別設安	□符合 □排煙（送風）機故障或遮蔽 □排煙閘門故障或遮蔽 □排煙口面積不足 □連動機構探測未失效或未設 □手動啟動裝置故障 □排煙量不足（實測）　m³/分 □排煙口高度或面積不足 □緊急電源故障或拆除 □本場所免設 □其他
查	水霧滅火設備	□符合 □泵浦組件故障 □水霧頭損壞或拆除 □水霧頭放水障礙 □感知撒水頭損壞或拆除 □送水口損壞未標示 □緊急電源故障或拆除 □本場所免設 □其他	瓦斯自動漏氣警報火設備	□符合 □受信總機故障 □檢知器損壞或拆除 □漏氣表示燈故障或拆除 □警報故障 □緊急電源故障或拆除 □本場所免設 □其他	緊急照明設備	□符合 □故障或拆除 □照度不足 □規格不符 □緊急電源故障或拆除 □本場所免設 □其他	緊急電源插座	□符合 □標示脫落 □220 V相序不符 □緊急電源故障或拆除 □本場所免設 □其他
	消防專用蓄水池	□符合 □泵浦組件故障 □手動啟動裝置故障 □採水口（投入孔）標示脫落	有效水量不足（實測）　m³ □緊急聯絡電話故障或拆除 □本場所免設	無線電通信輔助設備	□符合 □保護箱損壞 □射頻電纜遺失 □無法有效通信 □本場所免設 □其他	違規查報	□已於　年　月　日查報 □防火構造 □安全梯阻塞 □避難通道 □防火避難 □無照經營 □逃生通道阻塞 □違用火間門 □安全門阻塞 □安全門閉鎖 □其他

查第二種檢	連結送水管	□符合 □消防車輛無法接近送水口 □送水口故障遮蔽 □水帶佈署障礙 □無法送達水設計壓力 □消防管路損壞漏水 □出水口障礙遮蔽 □無法達出水設計壓力 □其他
	消防專用蓄水池	□符合 □消防車輛無法接近二公尺範圍 □採水口故障遮蔽 □出水壓力不足 □其他
	緊急昇降機及排煙設	□符合 □一次消防功能故障 □二次消防功能故障 □排煙功能不正常 □無法與防災中心連動 □其他
	緊急電源插座	□符合 □插座故障遮蔽 □電壓不足 □其他
	無線電通信輔助設備	□符合 □保護箱損壞 □射頻電纜遺失 □無法有效通信 □其他
	其他	□雲梯車操作空間不足 □其他

| 備註 | |

簽名或蓋章	消防設備師（士）	負責人或在場人員 簽名或蓋章	檢查人員	審核

☉管理權人於接到限期改善通知單第7日內，得向開立限期改善通知單之消防分隊提出異議計畫書（陳述意見書），如逾期未提出者，得行政程序法第105條第3項規定，視為放棄陳述之機會。

☉本局執行政策，救護或消防安全檢查時，均不收取任何費用，如有人藉消防機關人員名義推銷消防器材，請立即向本局或撥電（電話：27297668轉8611或6621）或撥119電話檢舉。

附件10-6　自衛消防隊編組及任務一覽表

自衛消防隊長	（管委會主委）	指揮、命令及監督自衛消防編組。
自衛消防副隊長	（共同防火管理人）	輔助自衛消防隊長，當隊長不在時，代理任務。

班別	成員	任務
指揮班	班長 ○○○ 成員 ○○○、 ○○○	1.設置自衛消防本部（一樓警衛室）。 2.輔助隊長、副隊長。（當隊長及副隊長不在時，代理其任務） 3.向地區隊傳達命令及情報。 4.向消防隊提供情報，並引導至災害現場，其重點如下： 　・指引往起火場所之最短通道、引導至進出口或緊急昇降機。 　・起火場所、燃燒物體及燃燒範圍，以及有無受困或受傷者等。 5.其他指揮上必要之事項。
通報班	班長 ○○○ 成員 ○○○、 ○○○	1.向消防機關報案並確認已報案。有關報案範例如下： 　報案範例 　火災！在○路○段○巷○弄○號○樓，附近有○○○○○○○○在 　○○樓的○○○燃燒。報案人電話：○○○－○○○○ 2.向場所內部人員緊急廣播及通報。 3.聯絡有關人員（依緊急聯絡表）。其重點如下： 　瓦斯公司：○○○○－○○○○　保全公司：○○○○－○○○○ 　電力公司：○○○○－○○○○　公司主管：○○○○－○○○○ 4.適當進行場所內廣播，應避免發生驚慌。 　緊急廣播例（重複二次以上） 　這裡是（防災中心），現在在○○樓發生火災！○樓及○樓滅火班 　請立即進行滅火行動。避難引導班請依照配置位置就定位！各層火 　源責任者請將瓦斯關閉，並採取防止延燒對策。從業人員請讓電梯 　停在一樓！「各位顧客請依照引導人員之指示避難逃生。」請絕對 　不要搭乘電梯。
滅火班	班長 ○○○ 成員 ○○○、 ○○○	1.指揮地區隊展開滅火工作。 2.使用滅火器、消防栓進行滅火工作。 　滅火器　　　　　　　　消防栓 　(1)拔安全插銷　　　　　(1)按下起動開關 　(2)噴嘴對準火源　　　　(2)連接延伸水帶 　(3)用力壓握把　　　　　(3)打開消防栓放水 3.與消防隊連繫並協助之。

（續）附件10-6　自衛消防隊編組及任務一覽表

班別	成員	任務
避難引導班	班長 ○○○ 成員 ○○○、 ○○○	1.前往起火層及其上方樓層，傳達開始避難指令。 2.開放並確認緊急出口之開啟。 3.移除造成避難障礙之物品。 4.無法及時避難及需要緊急救助人員之確認及通報。 5.運用繩索等，劃定警戒區。 6.操作避難器具、擔任避難引導。 重點 通道轉角、樓梯出入口應配置引導人員。 以起火層及其上層為優先配置。 必要裝備 ・各居室、避難出口之萬用鑰匙。 ・手提擴音機。 ・手電筒。 ・繩索。 ・其他必要之器材。
安全防護班	班長 ○○○ 成員 ○○○、 ○○○	1.立即前往火災發生地區，關閉防火鐵捲門、防火門。 2.緊急電源之確保、鍋爐等用火用電設施之停止使用。 3.電梯、電扶梯之緊急處置。
救護班	班長 ○○○ 成員 ○○○、 ○○○	1.緊急救護所之設置。 2.受傷人員之緊急處理。 3.與消防人員聯絡並提供資訊。

附件10-7 自衛消防編組聯合訓練計畫通報表

受文者	○○○ 消防局		
主 旨	本大樓擬依下列計畫實施自衛消防編組聯合訓練，請准予備查。		
提報人	召 集 人 　○　○　○（簽章）		
實施者	共同防火管理人 　○　○　○（簽章）		
建築物	名稱		聯絡電話	
	地址			
訓練	日期			
	內容	□滅火訓練□通報訓練□避難引導訓練□綜合演練		
	種類	□日間人員之訓練□夜間人員之訓練□全體人員之訓練		
	參加人數		前次訓練日期	
	消防機構派員指導	□要　　　□不要	消防車支援	
	其他（訓練概要）			
消防機機審核				

第六節　公共場所防火標章

公共場所防火標章（見**圖10-25**）是一種對建築物進行防火安全品質的認證。它可以提供給消費者安全消費場所最佳辨識標誌，也可為建築物的所有權人做建築物健康檢查，並且對防火品質優良之建築物加以表揚，藉以提升公共場所業者申請此防火識別標章的意願。這個由財團法人臺灣建築中心所規劃並且辦理的認證制度，除了讓業者對於相關消防法令達到最低必須符合的要求規範外，也可再藉由這個防火標章制度的認證，得到下列的好處。

圖10-25　防火標章

一、對場所業者而言

1.鑑定該場所之防火品質。

2.鑑定委託檢查（修）機構之專業水準。

3.輔導業者達到高水準之防火品質。

4.推薦給消費大眾。

5.提升該場所員工之防火技術。

6.獲防火標章後可獲得防火標章中文證書及英文證書。

7.商業火險保險費予以折減，最高可折減40%。

8.防火標章為防火品質之標示制度。

9.幫消費者過濾出防火品質優良場所。

二、對主管機關而言

1.申請標章之條件與主管機關防火安全之法令規定大致相同。

2.幫主管機關督促業者合於法令規定。

3.幫主管機關督促檢查（修）機構確實檢修。

三、對檢查機構而言

1.幫檢查（修）機構找出場所安全疑慮處及申報資料中常犯之錯誤。

2.提升機構素質。

四、對消費者而言

　　能夠安心的進入一棟經過認證的公共建築物中盡情享受用餐購物的樂趣。

附錄　品牌介紹

餐具品牌

設備品牌

餐具品牌

一、大同磁器

　　由廖長庚先生夥同陳錦堂先生及莊朝炳先生等，經數年籌劃，數次赴國外細心考察、研究及調查市場，進而與廖嘉祿、廖金地、廖嘉令、林盡來、高登科、莊讚元等諸位籌集資本，製造磁器，提升國人生活水準，節省外匯，以挽回我CHINA美名為目標，創設大同磁器股份有限公司（見**附表1-1**）於臺北市，並經經濟部於一九六○年十月二十二日核准。旋積極覓地設廠，而在新北市竹圍區建立該公司第一個廠房：竹圍廠，並且得到日本三鄉陶器株式會社之技術指導，除設有當時最新式原料粉碎及自動

附表1-1　大同磁器公司重要紀事

公司沿革	
民國49年10月	以資本額新台幣100萬元成立大同磁器股份有限公司，從事日用陶磁餐具之生產製造。
民國52年8月	竹圍廠竣工開工，以國內第一座隧道窯產製第一枚磁器，訂立本日為大同磁器開工紀念日。
民國55年2月	申請註冊「大同」商標、經經濟部中央標準局取得商標專用權。
民國52年7月	成立新竹廠。
民國59年4月	時任總經理廖長庚先生當選為臺灣區陶磁工業同業公會第二屆理事長。
民國62年11月	總公司遷於「台北市民權西路55號，當年外銷實績達到100萬美元以上，經經濟部國貿局表揚，並經中華民國工業總會表揚為「優良會員廠商」。
民國63年8月	特白磁開發成功，並呈獻當時行政院蔣經國院長。
民國66年6月	為自動化、省力化，由西德購進全自動成型機。
民國66年8月	新埔廠竣工開工，資本額已由歷年增資至新台幣9200萬元。
民國71年9月	為響應政府梅花餐運動，推出特白梅花餐組，並呈獻當時行政院孫運璿院長。
民國73年7月	以往年度盈餘轉增資為1億9140萬元。
民國74年1月	為改善企業體質，提高品質，組成全面品質管制委員會，推展全民品管活動。
民國74年2月	取得經濟部中央標準局「日用瓷器（精緻瓷）」正式標記享用權，為業界第一件，取得商標專用權。
民國74年9月	夢之磁正式上市。
民國78年8月	轉投資菲律賓皇家大同股份有限公司，增加經營觸角。
民國79年10月	創業三十週年紀念，及新建大同瓷器大樓位於民權西路55號，落成啟用。
民國81年1月	轉投資大同磁器（美國）有限公司，拓展美國銷售市場，朝國際化邁步。
民國81年7月	為擴大經營規模，經奉財政部證券管理委員會核准，辦理股票公開發行，資本額2億9858萬元。
民國81年12月	為擴大經營規模，開始生產建材陶磁。
民國82年7月	為生產石英磚、壁磚等建材陶磁，增購機器設備，經奉財政部證券管理委員會核准，盈餘轉增資並轉投資大窯股份有限公司，負責磁磚銷售業務。
民國82年9月	新埔廠產出第一片擬石質磁磚──人造花崗岩，取名為大同天石，公司經營跨出了新紀元。
民國85年6月	新竹廠通過ISO9002品質保證認證。
民國88年8月	轉投資大同磁器越南責任有限公司建廠完工，試車生產。
民國91年5月	江澄鑽先生經董事公推為董事長，並兼任總經理。
民國92年1月	公司擴大營業，遷移至南港區成功路一段32號3樓之1臺灣企業總部。民權大樓則全棟出租。

資料來源：大同磁器股份有限公司官方網站。

成型機外，更引進國內第一座之隧道式素燒、本燒、烤花用窯爐，並連帶齊備產製石膏模、匣鉑、轉寫紙印刷等附屬物料設備，形成國內第一家一貫作業態勢的最新式工廠，順利於一九六三年八月十日生產出國人自製的第一枚完全磁化的產品——磁器。

此後，大同磁器為因應國人生活水準的日漸提升，而提高品質及擴增產量，於一九六六年增資為新臺幣三千萬元，為充分利用天然瓦斯為燃料改善品質，而在新竹市香山三姓橋覓地七千六百餘坪，設本公司第二廠：新竹廠。之後於一九七六年間增資為九千萬元，另在新竹縣新埔鎮太平窩購地一萬六千餘坪，設本公司第三廠：新埔廠。至此生產設備更臻完整，產量大增，品質更趨穩定，在一九八五年二月榮獲國內陶磁日用餐飲具業界第一件國家正字標記使用權。期間並為了經營合理化，於一九八二年六月關閉竹圍廠的生產作業與新埔廠合併營運。

現在大同磁器資本額已增至新臺幣五億二千五百萬元，員工總人數由於不斷致力於機械設備之省力化、自動化及經營合理化，由最高峰之一千二百餘人降為四百五十人。並且為了因應我國加入WTO所帶來的經營成本壓力，已轉投資於越南設立大同磁器越南責任有限公司，並已開始生產。

二、Royal Porcelain（泰國皇家瓷器）

Royal Porcelain是亞洲生產高品質瓷器餐具的領導品牌之一，其所生產的各項產品外銷超過了五十個國家。其位在泰國Saraburi省Kangkoi區的兩座生產工廠引進來自英國、德國、日本等地最先進的技術和生產設備，以及專業的諮詢，每年可以生產超過三千萬件的各類瓷器餐具。

創立於一九八三年的Royal Porcelain在二〇〇〇年十月成為公開募股的公司。該公司擁有超過二千二百位員工，並且在曼谷和普吉島共設有

超過十個展示銷售點。藉由有效率的管理、高品質的產品控管以及非常謹慎細微的經營，讓他們每一種層級的產品都能保持在國際水準之上。也因此，Royal Procelain屢屢得到各種國際認證及獎項的肯定，包括：

二〇〇二年　成為泰國第一家以生產餐具為主業而得到ISO9001認證的公司。

一九九二年　泰國總理外銷優良廠商獎。

二〇〇四年　超級品牌獎。
　　　　　　獲得泰國政府外銷商業部選為代表泰國國際品牌之一。
　　　　　　獲得美國食品藥物管理局的認證，Royal Procelain的產品通過其含鉛量及含合鎘量的檢驗。

　　Royal Procelain旗下共有四個品牌：

(一)Royal Bone China

　　Royal Bone China是旗下最頂尖品質的品牌，全系列都是以含有45%骨粉所燒製出來的骨瓷餐具。在燈光下呈現透光几淨的感覺，並且邊緣都

有非常完美的線條作收邊，全系列骨瓷餐具均完全不會吸收任何水分。

(二)Royal Fine China

Royal Fine China系列都是極具現代設計感的餐具，兼附實用性及現代美感。整體的質感與Royal Bone China的骨瓷餐具近似，卻因為含有礬土的成分，因此又比骨瓷更為強硬。

(三)Royal Procelain

Royal Procelain是家族四個品牌中最廣為人知的品牌。除了優美的造型和色彩之外，質地輕巧、耐用不吸收水分，並且能夠抵抗來自洗滌設備和清潔劑的損壞，是餐飲旅館事業體非常愛用的品牌。

(四)Royal Procelain Maxadura

是旗下較為獨特的品牌，專為供應餐飲旅館事業體所生產製造，特點是潔淨、純白色澤、具有高強度的耐用性，非常適合商業用途（Royal Procelain官方網站）。

三、康寧餐具

廣義的康寧餐具是四個品牌系列的泛稱：CORELLE（康寧餐具）指碗盤系列；CORNINGWARE（康寧鍋）指白色不透明煮鍋系列；VISIONS（晶彩透明鍋）指琥珀色透明煮鍋系列；PYREX（百麗耐熱玻璃）指透明烘烤系列。

(一) CORELLE（康寧餐具）

康寧在一八七九年幫愛迪生做出人類第一個燈泡後，往後陸續創造一連串科技上的成就。在一九七〇年更以三層夾層結構的技術開發出耐熱及耐撞擊的Corelle（康寧餐具）。只有這種不同膨脹係數的三層結構

才能做到科技最高境界──「輕薄短小」中的「輕」與「薄」，而強度
更比任何厚重的陶瓷餐盤強好幾倍。

　　本身玻璃材質不用上釉，燒花的釉彩熔入餐具，不像陶瓷表層釉
的流失而褪色或失去光澤。花色釉彩符合美國FDA管制標準，不釋放重
金屬，玻璃是安定材質，不含任何環境荷爾蒙。玻璃不吸水因此不留異
味，也不龜裂，不附著細菌，也最好洗。潔白無瑕的玻璃夾層，具媲美
骨瓷的透光度，是有品味的餐具。

◆ 三層特殊玻璃壓製而成
　　1.高度耐碰撞，極不容易破裂，每天使用也不用特別維護。
　　2.省錢──長期使用，依然如新！

◆ 超高溫、耐熱玻璃
　　1.均溫下，最高可達攝氏五百度，耐熱溫差一百五十度。
　　2.可使用於烤箱、微波爐。

◆ 100%高密度結晶體純玻璃製品
　　表面光滑、無毛細孔，不會存留任何殘渣，孳生細菌。

◆一年保證

　　正常使用下，如有缺角、裂縫保證免費換新。

(二)CORNINGWARE傳奇──太空時代的產物

　　五○年代康寧的科學家Dr.Eugene Stookey在從事感光玻璃鏡片研究時，因溫控器壞掉，意外地發現後來我們所知道的玻璃陶瓷（Glass-Ceramic），其名稱又叫作Pyroceram。

　　Pyroceram被證實具有超乎想像的耐熱溫差特性及傳遞雷達波的能力，剛好是美國太空計畫中一種很理想的科技器材。Pyroceram第一次的科技應用是作為洲際飛彈的頭錐──因為此種材質能承受大氣中劇烈溫差變化，並作為飛彈導引系統中雷達波雙向收發的媒介輔助。

　　這項美國太空計畫後的直接副產品就是在一九五八年推出的康寧鍋（Corningware）。康寧鍋是極溫無法摧毀而為當時公認的新太空時代的鍋具。它能在一種極溫狀態轉換到另一種極溫之下使用而不會破裂，這種超低熱膨脹特性對消費者來說是一種新的概念。能將一個玻璃產品從冷凍櫃直接置入預熱過的烤箱（或瓦斯爐），再直接端上桌享用而不變形、龜裂或破碎，再收藏到冰箱或在洗碗機上洗滌，一鍋到底，方便無比。這種新材質除了使鍋子好用之外，也是漂亮又有吸引力的鍋具，它具有一個中性容易清洗的光滑表面，不吸水也不會殘留食物餘味。

　　康寧鍋一直以來持續被評等為最多樣性使用的鍋具，它能使用在瓦斯爐、微波爐、烤箱、各種電爐等。也以保鮮容器的用途使用於冰箱的冷藏或冷凍。聚熱保溫的材質特性，可以小火煲出最精華之美味，非常節省能源，離開火源依然沸騰勝過砂鍋。

　　料理界的神奇鍋具──康寧鍋的使用方式如下：

1.它可以從冷凍庫取出直接放入烤箱、微波爐、瓦斯爐或電爐上使用。鍋身可耐極大之溫差，所以即使是熱的鍋身也可以直接放入水槽或洗碗機中清洗。康寧鍋容易清洗，不像金屬或塑膠鍋子會留下

污點或異味。

2. 使用瓦斯爐或電爐時，康寧鍋的保溫性強，所以烹煮時，使用比平常小的火力即可，不但節省能源，又可防止食物沾黏鍋上或燒焦。康寧鍋最適合用來烹煮需要攪拌或有湯汁類之食物，可用在瓦斯爐、電爐及紅外線（或鹵素燈）爐上。

3. 放入烤箱或烤肉器上時，康寧鍋非常適用於各類型之烤箱，不論是一般的烤箱、對流式（旋風）烤箱或烘麵包機均適用。

4. 放入微波爐中時，康寧鍋是微波爐的好搭檔在微波爐中烹煮時，鍋身也許會變熱，請戴隔熱手套取出鍋子。

5. 放入冰箱和冷凍庫時，康寧鍋可以從冰箱或冷凍庫中拿出來，直接放在瓦斯爐、烤箱或微波爐中加熱。

(三) VISIONS（晶彩透明鍋）
——世界第一個超耐熱玻璃透明鍋

VISIONS（晶彩透明鍋）一九八二年推出後，愛漂亮的主婦從沒有想過在廚房能用到這麼漂亮的玻璃鍋，透明看得見，使烹飪及用餐添加另一層次的樂趣。雖然VISIONS是由CORNINGWARE（康寧鍋）同樣材質的玻璃陶瓷做成，但是因為不同的玻璃瓷化週期使它還原為一種透明的材質。

功能上它同樣可使用在瓦斯爐、烤箱、微波爐、紅外線爐、電爐，甚至有萬用鍋可以使用於電磁爐。即使是有經驗的大廚師，當然也希望在烹飪時能看到食材的變化，同時瞭解火候狀況。因此，大師對康寧晶彩透明鍋所作的評語是：

1. 不再有無預警溢滾而出的狼狽。

2. 不再煮到過熟或是不熟。

3. 不用因掀蓋而使美味流失，或因熱氣釋出而延長加熱時間及浪費能源。

VISIONS有所有康寧鍋的優點及多樣用途：

1.優越的品質。

2.堅固耐用。

3.多樣性的用途（烹飪、上桌、收藏保鮮）。

4.適用各種爐具。

5.無毛細孔不滲透的表面，不殘留餘味且易清洗。

6.聚熱保溫的材質特性，可以小火煲出最精華之美味。

7.物超所值。

(四)PYREX（百麗耐熱玻璃）
——世界第一個玻璃烘烤用具

二十世紀初，美國康寧公司（Corning Inc）受鐵路公司的委託，製造耐高溫差的玻璃燈罩，以克服平交道信號燈因受熱後，玻璃在下雨或降雪的襲擊時而破裂。當時康寧開發出低膨脹係數的矽硼酸玻璃（Borosilicate glass）來代替當時的鉛玻璃燈罩。諷刺的是，因效果太好，玻璃燈罩重置率下降，銷售成績反而好不起來。

一九一三年七月，因科學家Littleton的太太之緣故，促使康寧公司將事業焦點轉到消費品事業。在當時Littleton太太使用的陶瓷烤鍋，用不到兩次就在烤箱內破裂，她知道先生每天所研究的玻璃強度非比尋常，因此懇求先生帶一個替代品回來，第二天，Littleton太太用截短的玻璃罐底做了一個海綿蛋糕，她有驚人的發現：

1.烘烤的時間縮短。

2.蛋糕不會沾黏在玻璃上且容易脫模。

3.蛋糕烘烤的層次相當均勻。

4.玻璃器皿清洗後不殘留蛋糕餘味。

5.容易觀察蛋糕烘烤情形，直接看玻璃底部的蛋糕顏色便知何時將烤好。

在當時以玻璃器皿用來烘烤或烹調是一個全新的概念，經過兩年商品化的研發過程，在一九一五年，這一PYREX玻璃烤盤的產品線正式出現。PYREX實質上是很難摧毀而且容易清洗的。不像陶器、瓷器或琺瑯器皿，PYREX是吸收烤箱的熱波而不是將之反射出去，因而可加速烹調的時間並節省能源。

PYREX自一九一五年問世，其獨有的特性至今一直對消費者留下深遠的影響，多年來，PYREX對人類的貢獻除了從平交道信號燈到烘烤器皿外，更包括其他偉大的成就，例如一九五〇年代沙克博士（Dr. Jonas Salk）用PYREX試管隔離出小兒麻痺病毒，而導致小兒麻痺疫苗的發明。在一九六〇及一九七〇年代，阿波羅號及雙子星號太空梭的窗子也是採用PYREX玻璃來進行太空探索。

PYREX在字典裡是耐熱玻璃的代名詞，當一個美國人被問到玻璃烤盤有什麼品牌時，通常的回答就只有PYREX（美國康寧餐具專業網）。

四、Libbey

Libbey的前身是一家創立於一八一八年位在麻薩諸塞州的新英格蘭玻璃公司（New England Glass Company），後來William L. Libbey於一八七八年買下這家公司並且改名為The New England Glass Works, Wm. L. Libbey & Sons Props。十年後，也就是一八八八年，基於競爭的擴大，Edward Drummond Libbey將公司搬遷到俄亥俄州的托利多（Toledo, Ohio）。俄亥俄州除了西北邊蘊藏豐富的天然氣及優質的礦砂，托利多還是一個鐵路及蒸氣貨運輪的交通樞紐，使得這家公司占盡地利之便而更具有競爭力。一八九二年，公司正式更名為The Libbey Glass Company。

當年的玻璃製造過程與今日大不相同。藉由大量勞力密集的人工，作長年的訓練，才能夠擁有高超的手藝，以切割的方式逐一用手工完成

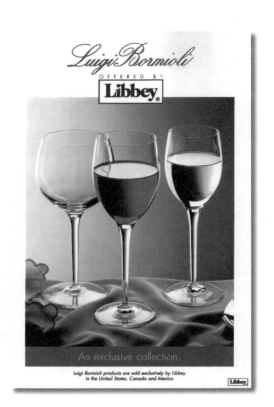

　　每一件器皿杯具。後來William的後代才決定放棄手工製作玻璃品的經營策略，取而代之的是專注於現代化與自動化的生產流程與技術，進而讓Libbey聲名大噪，揚名於全美各地，成為玻璃製造商的代名詞。

　　世界上第一只由機器生產製造出來的高腳玻璃杯就是出自Libbey公司，並且在不久之後，開始發展出經過熱處理製造的玻璃器皿，廣泛的被餐廳和飯店所選用。此時的Libbey努力不懈地進行更多樣的產品研發，讓公司更加興盛，終於在一九九三年，Libbey公司策略性地讓自己成為紐約股市的上市公司之一（NYSE: LBY）。自此之後，Libbey更期許自己成為餐桌器皿、食品服務業以及一般消費市場的首選品牌，接著在一九九五、一九九七、二〇〇二、二〇〇五以及二〇〇六年分別買下了Syracuse China、World Tableware、Traex和Royal Leerdam、Crisal以及

Crisa等著名企業。此外，Libbey從Vitro手中買下Crisa百分之五十一的股權之後，使得Libbey擁有了Crisa百分之百的完全股份。這個動作讓Libbey正式成為全球第二大的玻璃製造商。

藉由不斷的創新開發作為發展基石，Libbey產品的高品質、穩定度以及令人讚賞的完善售後服務，成為了同業仿效的對象及標準。Libbey持續的在工藝設備、高效率生產設備、研發更新的製造技術上做投資，促使自己能夠在食品服務業及一般消費者心目中擁有屹立不搖的地位。

今天，隨著新產品新技術不斷的發展與取得，Libbey已經成為餐具和食品服務業的市場領導品牌，透過其多樣化完整的產品組合，包括杯具、餐盤、餐桌飾品等，深入到所有的餐飲市場，包含了餐廳後場、吧台，或飯店、夜店、教育機構、健康照護單位、航空公司、郵輪、鄉村酒吧及外燴業者。當然，Libbey也踏入了零售業，直接將其產品銷售給消費者，進而使品牌的知名度更深入到美國的每一個角落。消費者可以在美加各地的百貨公司、量販店、零售店等主要銷售管道選購Libbey的精美產品。

今後，Libbey仍將持續透過其創新的產品、優良的品質、完善的售後服務，以及美學設計和生產技術的提升來領導著市場，而這也正是公司歷久彌堅的核心競爭力（Libbey官網）。

 設備品牌

一、Zanussi Professional

多年來，Zanussi Professional始終以提供全球數以百萬位主廚們一個更完善、更有創意的工作環境及設備為目標。這個品牌提供了超過三千項的各類型廚房設備，例如各式的冷凍冷藏、食物加工準備、烹飪以及洗滌設備。

這些全系列的各型設備都是以促使生活更自在、食物更美味、清潔更輕鬆，以及讓環境更得到保護與珍惜為終極目標而設計生產出來的。Zanussi Professional同時也提供使用者在籌備廚房時專業並且獨到的建議，使義大利美食文化能夠在世界的每個角落被表現得淋漓盡致。

Zanussi Professional創始的前三十年，因為受制於兩場世界大戰的爆發，反映出義大利的工業在這段期間的成長過程中，始終充滿著複雜性及變化性。並且藉由創業者蓽路藍縷的艱辛及勇氣智慧和企業家們的努力，終於為義大利的工業發展奠定了基石。

在一九一六年，Antonio Zanussi在位於義大利北部，米蘭市西部約五百公里的城鎮波爾德諾聶（Pordenone）的小工廠服務，是一位負責維修爐灶和廚房木頭火爐的年輕技工。在戰爭中期，他在沒有其他奧援的情況下，以僅有的天賦、對於廚房設備的工作熱誠以及夢想，成立了屬於他自己的公司——Officina Fumisteria Antonio Zanussi。經過了短短幾年的努力，並且不斷地擴展業務及工廠面積。到了一九三六年的時候，已經由原本共三名員工的三十平方公尺的工作室，擴編到一百位員工、三千平方公尺的大廠房。並且在不久後，AZP（Antonio Zanussi Professional）推出了第一台標準化的木頭廚房爐具，為其日後在市場上奠定重要的地位。

戰後的義大利因為市場的需求而刺激了整體工業的快速發展。許多的企業家帶著睿智和勇氣，扮演著開路先鋒的角色，為義大利的工業奠定了成功的基石。而這些專業並且極具創意的廚房設備工藝師們，也帶領著公司邁向更成功的道路。此時所有產品在開發設計上，更被開始留意到產品的產能以及標準化的維持，因此在技術的開發上也更臻多樣性！在這個經濟奇蹟的年代，人們家庭裡開始有了電視機和小汽車。同時，Zanussi也因為量產技術的提升及不斷地研發創新，推出了電冰箱和洗衣機等電氣設備。

一九五九年，Zanussi開始投入外燴廚具設備的研發和生產，並成

立事業部門，此時的Zanussi已經可以說是世界級的品牌和最大的製造商了！六款不同型式設計的冷凍設備、每小時可以洗滌處理四百個餐盤的洗碗機，以及可以使用各式燃料的爐具，都在工廠裡被研發生產出來。藉由不斷地研發創新，讓革命性的各項產品滿足市場上的需求，並且又讓一些潛在的需求成為市場的必需品。

在六○年代末期、七○年代初期時，可說是有兩個重要的轉振點。

第一，專業的廚房設備自成一個事業體，而不再像過去一樣附屬在家用品業的一個次領域裡而已，這代表著餐飲設備的重要性及需求度日漸提升。

第二，在短時間內的世代交替，從過去的紡織工業提升到擁有先進組裝生產線並且快速大量製造的生產業，而餐飲設備製造事業也開始在企業內部裡產生獨有的重要性和分量。而Zanussi快速反應市場革命性的需求改變及驟增，加上外燴市場文化上的變革和建立，都使得它擁有了快速增加經營版圖到全歐洲的可能性。

同時，Zanussi在這時期併購了Zoppas公司及旗下的子公司，他們是義大利第二大的家用電器品、廚房設備以及外燴設備的製造商。這項併購案讓Zanussi的全球產能大幅提升，並且也帶給人們對於這個專業產業一個很深刻的印象。

而在一九八四年與瑞典商Electrolux集團的合併，藉由母公司的管理能力和經驗以及財務上的資源，搭配自身擁有的生產研發能力和技術人力，讓這家公司更具有雄霸歐洲的野心和洞察力。

公司持續在中歐及南歐不斷地擴大他們的市占率，而且並沒有因為在專業的外燴及廚房設備領域裡，成為了歐洲的一級品牌而有所懈怠。透過過去半世紀以來的經驗成就以及持續的改良，Zanussi商標產品仍繼續扮演著市場的領導品牌者（Zanussi官網）。

二、Rubbermaid

(一)企業遠景

　　Rubbermaid公司的企業遠景是它所生產的每一類產品都能成為全球市占率的領導者，而其關鍵要素來自於它能夠提供給客戶及使用者一個創新、高品質、高成本效率並且兼顧環境保護責任的產品。Rubbermaid公司並且努力持續地提供完善的客戶售後服務，以盡可能地滿足客戶的各種問題及需求。

(二)草創紀事

　　Rubbermaid公司創立於一九二〇年，當初的公司名稱為Wooster Rubber Company，是一家以生產玩具氣球的小公司。

　　一九三四年公司首度生產推出合成橡膠製的畚斗，並藉以跨足家用橡膠品的市場。

　　一九五〇年代期間，Rubbermaid開始生產第一只塑膠製產品——餐盤收納盆。因為這項產品的成功推出並且受到市場的正面肯定，也讓Wooster Rubber Company正式在家用品市場上，站穩腳步並尋得自己的地位。不久後並開發出「突破性」的產品——BREAK THROUGH，一種廣泛用於飯店及自家浴室的橡膠防滑腳踏墊，下方並且設計有小型杯狀的吸盤，藉以牢固的吸附在浴缸或地磚上避免滑倒。這項外表看似不顯眼、沒什麼大學問的腳踏墊，其實卻是代表著Rubbermaid潛心研發的高科技，挑戰讓橡膠能維持其穩定的柔軟度，此外，也因為這項產品而開發出三層的模具來生產這個腳踏墊。對於Rubbermaid而言，這項產品幫助公司有了大幅的發展和市場領導地位。

　　一九五七年，Wooster Rubber Company正式更名為Rubbermaid公司，藉以讓公司的名稱和他們所擅長製作的各項橡膠及塑膠產品緊密結合，對於公司品牌的形象有正面的幫助，進而期許自己讓Rubbermaid的產品

品質、價值成為在國際間被高度肯定的公司。

　　Rubbermaid Commercial Products（RCP，Rubbermaid商用產品公司）總部於一九六八年設在維吉尼亞州的溫徹斯特市，並且將其設計的產品設定在商業或機構的用途。自公司創立至當時已經有四十年的歷史，RCP始終一如傳統地維持自己在市場同業的領導地位。

　　在一九七〇年代，RCP更因為技術上的突破，得以使他們所生產的產品更具耐用性及實用性，因而轉換了人們慣以使用木頭或金屬材質之各類產品工具的習慣，轉而喜愛使用Rubbermaid的橡膠及塑膠產品。

　　一九八〇年代，RCP除了著手生產高品質耐用的各項工業及農業用橡膠工具及產品。在一九八六年更藉由取得Seco Industries公司的經營權，進而跨入清潔工具市場，在當時Seco Industries是地板保養產品的市場領導生產者。

到了一九九○年代，RCP開始將商用產品的焦點逐步國際化，並且將產品開發重心轉向增加一系列更能協助使用者解決工作上可能產生的各項問題的新一代產品（Solution-Based Product）。RCP並且在一九九五年獲得了ISO 9001的認證。

一九九九年，RCP公司併購了Newell公司，正式成為Newell Rubbermaid公司。自此Newell Rubbermaid成為一家總部設在喬治亞州亞特蘭大市、全球員工超過三萬三千人、全球年營業額高達七十億美元的國際性品牌家族的企業。旗下品牌包括了Sharpie®、Paper Mate®、Parker®、Waterman®、Rubbermaid®、Calphalon®、Little Tikes®、Braco®、Levolor®、BernzOmatic®、Vise-Grip®、IRWIN® and Lenox®等。

在過去的七十多年來，Rubbermaid一直代表著高品質、創新並且耐用的生活用品，讓人們在日常生活不論是園藝、廚房或是一般家居生活，都能更輕鬆簡化的完成工作。從早期生產簡易耐用的各種家用產品到如今，Rubbermaid已經發展成為一個知名的世界品牌，並且開發設計出更多系列的商業、工業用產品。並且更被列入《世紀品牌》（*Brand of the Centruy*）書中所提到的百大品牌之一，並且深遠的影響著美國人的生活。

一九九九年，Newell Rubbermaid Inc.正式成立，成為一個全球性的家用及商業用途的工具及容器品牌，並隨即在二○○五年創下了高達六十三億美元的營收。公司總部目前設在喬治亞州的亞特蘭大市，並且在世界各地擁有超過三萬名員工。

今日，Rubbermaid的產品可以在世界各地的超市、量販倉儲店、五金用品店、百貨公司等各型的通路中買到。公司也期許自己能夠永續經營，並不斷地開發出更多耐用創新的產品來幫助人們，簡化方便其日常生活及工作。

二○○三年，RCP並進一步將焦點擴大到健康照護業，並且成立了醫療體系部門（Rubbermaid Medical Solution, RMS）。（可自行參考瀏覽www.rubbermaidmedical.com）

今天，Rubbermaid公司是Newell Rubbermaid公司其中的一個事業部門，並且持續地研發設計各種創新的產品，並在美國的四個生產工廠以及一個位在墨西哥的生產工廠生產製造，以供應食品零售業、食品製造業、旅館業、醫療機構、清潔及垃圾清運業、各種農工業的基層使用者，讓工作人員能夠更有效率且更安全地完成他們的工作使命。同時，Rubbermaid也透過遍布全世界各地的業務服務單位和授權的代理商，近距離的為所有的產品使用者提供最直接的服務（Rubbermaid官網）。

三、Hobart

　　Hobart身為一個跨國性的餐飲設備服務公司，其在世界各地設有許多的服務據點，而且在美國、巴西、加拿大、法國、中國、德國、義大利、英國等國家設有製造工廠。最近更在中國天津投資設立新廠生產以下產品：AM3C型洗碗機、C44洗碗機、C64洗碗機、FT110洗碗機。專業的知識、優良的產品、完善的售後服務更是Hobart公司成長的最大根本。（見**附表1-2**）

　　對於這樣一個跨國性的大公司卻也不忘對於社會社區的各種回饋，並且投入許多人力、物力、財力在各項慈善活動中，以善盡其企業責任。

(一)質量——企業的立足之本

　　世界上沒有任何其他設備公司比Hobart公司享有更高的產品質量信譽。因為產品質量的信譽是基於最好的材質原料、最佳的生產工藝、優良的產品性能及完善的售後服務。Hobart非常榮幸客戶能將他們的產品視為頂級產品，作為本行業的先進，也因其始終自我期許信守公司的承諾——質量是企業的立足之本。

附表1-2　Hobart 重要紀年及事蹟表

公司沿革	
1897.7.20	Hobart 公司成立。
1905	Hobart首次開發出電動剁肉機。
1906	型號212花生醬研磨攪拌機問世，同年美國食品藥物法頒布施行。
1910	成立加拿大多倫多及英國倫敦分公司。
1918	型號28咖啡豆研磨機上市。
1922	絞肉機及攪拌機同年上市。
1926	Hobart併購The Crescent Washing Machine Company，跨足商業洗滌市場。
1928	型號6030第一台馬鈴薯削皮機問世。
1946	型號5013鋸肉機推出，並且有良好的清潔保養設計。
1947	型號1512切片機推出上市。
1950	推出第一台履帶式洗碗機。
1959	推出改良型全自動切肉機。
1964	Hobart正式在紐約股市中掛牌上市。
1969-1970	Hobart取得生產冷凍冷藏設備、蒸氣鍋及微波爐等廠商的經營權。
1980	Hobart購得美國奇異公司商用烹飪設備部門。
1980-1995	持續推出多款先進的攪拌機、食物處理機、洗滌設備和電子磅秤。
1997	一百週年，並推出網路介面電子磅秤，進而讓零售業得以隨時得知銷貨及庫存量。
2001	Hobart成為第一家在食品設備中導入抗菌處理技術的公司。
2002	Hobart生產的麵糰攪拌機獲得由美國廚藝學校（American Culinary Institute）頒獎肯定。
2003	Hobart推出CleanCut系列切片機，採用高科技合金技術使刀片更鋒利耐用。

資料來源：Hobart官方網站。

(二)客戶需求——企業的行動指南

　　Hobart公司每年投入大量的資金從事新產品的研發及改進工作，其目的是讓客戶在使用Hobart的設備時能感到更方便、更經濟、更有效，進而使客戶在其自身業務領域中更有競爭力。

(三)Hobart產品──餐飲業的最佳選擇

Hobart是全球擁有生產全套餐飲設備的廠商之一，Hobart除了生產更在全球超過一百個國家推銷超過三百多種產品。Hobart的工廠遍布全球，例如美國、英國、德國、法國、義大利、中國及巴西等國，並且有最完善強大的售後服務系統。

產品種類包括：

1. 冷凍冷藏設備：各類尺寸型式的冷凍冷藏冰箱、急速冷藏設備。
2. 食物加工設備：切片機、絞肉機、切碎機、鋸骨機、攪拌機、揉麵機、食物加工等各種機具設備。
3. 爐具設備：油炸爐、煎爐、炒爐、烤箱、麵包烤箱、微波爐、對流烤箱、萬能蒸烤箱。
4. 洗滌設備：洗杯機、台下式洗碗機、拉提式洗碗機、單缸輸送式洗碗機、雙缸輸送式洗碗機。

(四)市場策略──在食品工業中提供設備、系統和服務

透過指定的代理商和直接的售後服務，為食品工廠提供完善的設備和服務。

直接提供設備和服務給食品零售業，以幫助顧客滿足消費者對於食品衛生、營養和美味的要求。

參考書目

一、中文部分

丁佩芝、陳月霞譯（1997）。《利器》（*The Evolution of Useful Things*，Henry Petroski著）。臺北：時報。

李劍光（2001）。《專業廚房設施》。臺北：品度。

沈玉振譯（2001a）。《餐廳籌備計畫(1)：可行性評估與經營概念》（Costas Katsigris、Chris Thomas著）。臺北：品度。

沈玉振譯（2001b）。《餐廳籌備計畫(2)：設備設計、選用與管理》（Costas Katsigris、Chris Thomas著）。臺北：品度。

沈玉振譯（2001c）。《餐廳籌備計畫（3）：器具、餐具、桌巾選用與管理》（*Design and Equipment for Restaurant and Foodservice: A Management View*，Costas Katsigris、Chris Thomas著）。臺北：品度。

阮仲仁（1991）。《觀光飯店計畫：投資、規劃、經營、設計》。新北市：旺文社。

周旺主編（2007）。《烹飪器具及設備》。中國輕工業。

林月英（2007）。《西餐實習》。臺北：揚智。

胡釗維（2007）。〈貨櫃工變全球 不鏽鋼餐具王〉，臺北：《商業周刊》第1021期。http://archive.businessweekly.com.tw/Article/Index?StrId=27331。

孫路弘審譯（2002）。《餐廳服務管理》（*The Culinary Institute of America*）。臺北：桂魯。

高秋英（1999）。《餐飲管理──理論與實務》。臺北：揚智。

張秋艷譯（2003）。Fred Lawson（2003）。《飯店、俱樂部及酒吧：餐飲服務設施的規劃、設計及投資》（*Restaurants, Clubs and Bars: Planning, Design & Investment for Food Service Facilities*）。遼寧：大連理工大學。

陳堯帝（2001）。《餐飲管理》（第三版）。臺北：揚智。

掌慶琳譯（1999）。《餐飲連鎖經營》（*Restaurant Franchising*，Mahmood A. Khan著）。臺北：揚智。

程安琪企編（1998）。《泰國美食有訣竅──出國點菜嘛也通》。臺北：橘子。

臺北國際食品機械暨包裝展展會專刊（2008）。臺北：食品資訊雜誌社。

劉添仁等（2005）。《餐飲器皿設備認識與維護》。臺北：生活家。

蔡毓峰（2004）。《餐飲管理資訊系統──應用與報表解析》。臺北：揚智。

二、外文部分

Birchfield, John C., Sparrowe, Raymond T. (2002). *Design and Layout of Foodservice Facilities* (2nd). John Wiley & Sons.

Christopher Egerton Thomas (2005). *How to Open and Run a Successful Restaurant* (3rd). John Wiley & Sons.

Costas Katsigris, Chris Thomas (2005). *Design and Equipment for Restaurants and Foodservice: A Management View* (2nd). John Wiley & Sons.

Irving J. Mills (1989). *Tabletop Presentations: A Guide for the Foodservice Professional.* John Wiley & Sons.

Jack Ninemeier (2000). *Food and Beverage Management* (3rd). Educational Inst of the Amer Hotel.

James Stevens, Lois Snowberger (1997). *Food Equipment Digest.* John Wiley & Sons.

John R.Walker (2008). *The Restaurant: From Concept to Operation* (5th). John Wiley & Sons.

Josef Ransley, Hadyn Ingram (2004). *Developing Hospitality Properties and Facilities* (2nd). Routledge.

Scanlon (2006). *Catering Management* (3rd). John Wiley & Sons.

Suzanne Von Drachenfels (2000). *The Art of the Table: A Complete Guide to Table Setting, Table Manners, and Tableware.* Simon and Schuster.

三、網站部分

Hobart官方網站（2008/5/10）。http://www.hobartlink.com/hobartg6/co/corporate.nsf/timeline.html?OpenPage。

Libbey官方網站（2008/5/21）。http://www.libbey.com/。

Royal Procelain官方網站（2008/5/13）。http://www.royalporcelain.co.th/。

Rubbermaid官方網站（2008/5/22）。http://www.rcpworksmarter.com/rcp/company/。

Zanussi官方網站（2008/5/7）。http://www.zanussiprofessional.com/index.asp。

大同磁器股份有限公司官方網站（2007/5/20）。http://www.tatungchinaware.com. tw/index22.html。

中華文化信息網（2008）。www.ccnt.com。

俊欣行官方網站，http://www.justshine.com.tw；Royal Porcelain Public Company Limited官方網站，http://www.royalporcelain.co.th。

俊欣行股份有限公司。http://www.justshine.com.tw/products.asp，產品型錄介紹。

美國康寧餐具專業網（2008/5/17）。http://www.maico.com.tw/front/bin/home. phtml。

餐飲旅館系列

餐飲設備與器具概論

著　　者／蔡毓峯
出 版 者／揚智文化事業股份有限公司
總 編 輯／馬琦涵
特約企編／范湘渝
特約校對／范綺芸
登 記 證／局版北市業字第 1117 號
地　　址／222　新北市深坑區北深路三段 260 號 8 樓
電　　話／(02)8662-6826
傳　　真／(02)2664-7633
　E-mail ／service@ycrc.com.tw
　I S B N ／978-986-298-279-2
二版一刷／2018 年 1 月
定　　價／新臺幣 580 元

國家圖書館出版品預行編目（CIP）資料

餐飲設備與器具概論／蔡毓峯著. -- 二版. --
新北市：揚智文化, 2018. 01
　　面；　公分. -- （餐飲旅館系列）
ISBN 978-986-298-279-2（精裝）

1. 烹飪　2. 廚房　3. 設備管理 4. 餐飲業管理

427.9　　　　　　　　　　　　　106023012